U0211221

涡轮机械与推进系统出版项目
基础研究丛书

航空航天推进系统
碳氢燃料的数值模拟技术

陶 智 朱剑琴 胡希卓 程泽源 著

Numerical Simulation Technology of Hydrocarbon Fuel for
Aerospace Propulsion Systems

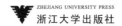
ZHEJIANG UNIVERSITY PRESS
浙江大学出版社

涡轮机械与推进系统出版项目
顾问委员会

主任委员

张彦仲

· ·

委　员

（以姓氏笔画为序）

尹泽勇　乐嘉陵　朱　荻　刘大响　杜善义

李应红　张　泽　张立同　张彦仲　陈十一

陈懋章　闻雪友　宣益民　徐建中

涡轮机械与推进系统出版项目:基础研究丛书

编 委 会

主 编

郑 耀

副主编

陶 智　何国强　宋迎东

委 员

（以姓氏笔画为序）

丁水汀	于达仁	丰镇平	王占学	王永明
王健平	王高峰	尤延铖	吉洪湖	朱俊强
刘 洪	刘廷毅	江和甫	李存标	李建榕
李秋实	李晓东	李跃明	杨 越	杨 锐
何小民	何国强	邹建锋	沈邱农	宋双文
宋迎东	张堃元	陈 伟	尚守堂	罗 坤
罗佳奇	岳珠锋	郑 耀	郑日恒	郑丽丽
孟 华	姜培学	宣海军	祝长生	袁 新
顾春伟	徐 明	徐华胜	凌文辉	郭迎清
陶 智	黄维娜	崔 涛	符 松	戴圣龙

涡轮机械与推进系统出版项目

序

　　涡轮机械与推进系统涉及航空发动机、航天推进系统、燃气轮机等高端装备。其中每一种装备技术的突破都令国人激动、振奋，但是由于技术上存在鸿沟，国人一直为之魂牵梦绕。对于所有从事该领域的工作者，如何跨越技术鸿沟，这是历史赋予的使命和挑战。

　　动力系统作为航空、航天、舰船和能源工业的"心脏"，是一个国家科技、工业和国防实力的重要标志。我国也从最初的跟随仿制，向着独立设计制造发展。其中有些技术已与国外先进水平相当，但由于受到基础研究和条件等种种限制，我国在某些领域与世界先进水平仍有一定的差距。为此，国家决策实施"航空发动机及燃气轮机"重大专项。在此背景下，出版一套反映国际先进水平、体现国内最新研究成果的丛书，既切合国家发展战略，又有益于我国涡轮机械与推进系统基础研究和学术水平的提升。"涡轮机械与推进系统出版项目"主要涉及航空发动机、航天推进系统、燃气轮机以及相应的基础研究。图书种类分为专著、译著、教材和工具书等，内容包括领域内专家目前所应用的理论方法和技术成果，也包括一线设计人员的实践成果。

　　"涡轮机械与推进系统出版项目"分为四个方向：航空发动机技术、航天推进技术、燃气轮机技术和基础研究。出版项目分别由科学出版社和浙江大学出版社出版。

　　出版项目凝结了国内外该领域科研与教学人员的智慧和成果，具有较强的系统性、实用性、前沿性，既可作为实际工作的指导用书，也可作为相关专业人员的参考用书。希望出版项目能够促进该领域的人才培养和技术发展，特别是为航空发动机及燃气轮机的研究提供借鉴。

张彦仲

2019 年 3 月

涡轮机械与推进系统出版项目：基础研究丛书

序

涡轮机械与推进系统作为一类高端装备，其发展要依赖于相关的基础科学研究、应用基础研究、应用研究和工程技术研究。基础科学研究针对长远战略所需进行基础性的科学研究和试验，是指开创、增进和积累知识与技术；应用基础研究具体针对特定发展所需，是指用自主和合作的方式开展新方法、新概念、模型及亚尺寸体系等的研究。

涡轮机械与推进系统的自主创新离不开基础研究，特别是应用基础研究，这具体包括基础科学研究和共性基础技术研究两个方面。基础研究是涡轮机械与推进系统研究的前端和基础，其目的是获取科学知识，支撑掌握核心技术，为后续应用研究与产品开发提供完整、深入和系统的知识储备与可能性。

为了涵盖涡轮机械与推进系统研究与开发的多个方面，涡轮机械与推进系统出版项目包括航空发动机技术、航天推进技术、燃气轮机技术和基础研究四个方向。基础研究丛书涉及系统科学、内流气动力学、气动声学、结构与固体力学、传热学、燃烧学、控制科学、机械传动、材料科学、制造工艺、交叉学科等基础科学领域，以及先进材料技术、先进制造技术、试验测试技术、结构完整性/系统可靠性技术、先进仿真技术、适航安全性技术、标准/计量/情报等共性基础技术。基础研究丛书同时也关注设计与试验的数字化、机体推进一体化等重大技术发展方向。

期望这一基础研究系列丛书的出版能够促进涡轮机械与推进系统领域基础科学和共性基础技术的研究，推动建立与完善基础研究体系，助力培养与造就创新人才。

2019 年 4 月

前　言

　　高效热防护是航空航天推进的核心技术,对空天飞行器的发展至关重要。热防护有主动冷却热防护、半主动式热防护和被动热防护三类。被动热防护主要通过热沉结构、热结构和隔热式结构吸收和辐射热量进行防热,而半主动热防护和主动冷却热防护则利用冷却工质阻断热流。三类冷却中,主动冷却热防护以其冷却能力强、可控等诸多优点而在高超声速飞行器和超高推重比航空发动机中得到广泛应用。其中,利用吸热型碳氢燃料作为冷却工质的主动冷却成为近年研究的热点,因为它不需要飞行器携带额外的冷却工质,也不需要额外设备实现冷却工质的再生循环,燃料吸收热量后在燃烧室燃烧,实现了能量的有效利用。

　　在冷却过程中,作为冷源的碳氢燃料随着温度的提升会经历一系列复杂的物理化学变化。物理上,燃料由液态转变为超临界态的过程中会发生剧烈的物性变化;化学上,燃料在高温时会发生热裂解反应和壁面结焦反应。工质的这些物理化学变化对冷却系统内的流动传热特性造成显著影响,物性的变化导致燃料在不同压力和温度下的传热能力与冷却效果呈现差异,结焦的产生会严重阻碍流动和换热过程,冷却通道内的物理场会随结焦量的增加不断发生变化。

　　航空发动机气动热力国防科技重点实验室的高效冷却科研团队多年来致力于碳氢燃料主动冷却过程的数值模拟方法研究,在湍流流动、热裂解、结焦等问题上有一定的积累,结合国内外学术期刊上公开发表的相关研究成果,加以归纳、整理、分析,汇成本书。全书共6章。第1章为绪论,介绍超临界碳氢燃料的研究背景、意义及国内外研究现状,提出本书的研究内容。第2章为碳氢燃料的热物性模型,介绍碳氢燃料的热物性的计算方法以及不同燃料的热物性模型。第3章为超临界碳氢燃料湍流模型,介绍超临界碳氢燃料流动换热数值模拟采用的湍流模型,分别对基于经验系数修正的工程化超临界湍流模型和考虑超临界热物性脉动的低雷诺数修正湍流模型研究进行介绍。第4章为超临界碳氢燃料的裂解模型与结焦模型,介绍超临界碳氢燃料的裂解模型与结焦模型方程,同时对超临界碳氢燃料裂解结焦过程的数值模拟方法和网格变形方法进行阐述。第5章为超临界碳氢燃料的多场耦合数值模拟,对超临界碳氢燃料的流动换热、裂解和结焦的数值模拟进行阐述,分别对流动换热特性、裂解特性与结焦特性进行分析。第 6 章为燃烧室与再生冷却通道多场耦合模拟,对再生冷却通道与燃烧室的传热耦合模拟算法、数值模拟计算过程及分析进行阐述。

本书第 1 章由陶智教授撰写,第 2 章由朱剑琴副教授撰写,第 3 章至第 6 章由程泽源博士和胡希卓博士共同撰写,全书由朱剑琴统稿和定稿。

本书力求反映碳氢燃料主动冷却的最新学术成果,旨在为从事相关基础理论研究、关键技术攻关和型号研制工作提供参考与借鉴,为我国自主研发高超声速飞行器、超高推重比航空发动机以及涡轮基组合循环发动机等国之重器提供支持。本书也可作为从事超临界碳氢燃料流动换热相关课题研究的研究生的参考书。

真诚感谢团队的紧密合作,感谢实验室同事和其他专家在本书撰写过程中给予的鼓励、关怀和支持。由于作者的理论水平和专业知识所限,书中难免存在不足之处,恳请广大读者批评指正。

陶智

2019 年 9 月

目　录

第1章 绪 论

本章介绍超临界碳氢燃料的研究背景及意义,对超临界流体的基本特性进行分析,介绍国内外针对超临界湍流模型的研究现状,对超临界压力下碳氢燃料的流动换热研究进行综述,对超临界压力下碳氢燃料的裂解结焦研究进行综述,介绍超临界压力下碳氢燃料/空气换热器设计研究现状。

1.1 研究背景与意义

1.1.1 研究背景

随着航空航天领域的技术发展,高超声速飞行器、超高推重比航空发动机、涡轮基组合循环发动机等空天飞行器技术成为世界各国的研究热点,在未来军事、经济和政治中将起到极为重要的作用。

空天飞行器采用超燃冲压发动机、超高推重比航空发动机等先进空天推进系统来满足其飞行包线内任务需求。空天推进系统处在非常恶劣的热环境中,发动机热防护面临极大挑战。为研制出可靠、稳定、高效的空天推进系统,必须解决空天推进的热防护难题,在高效热防护这一关键核心技术上实现突破。

超燃冲压发动机的外部为高超声速气流,激波和气体黏性的作用产生的气动加热形成很强的热负荷;其内部为高超声速气流减速后继续燃烧形成的高温燃气。对于在巡航马赫数6左右飞行的高超声速飞行器,驻点温度达到1700K,超燃冲压发动机内的燃气总温可达2800K以上,如表1.1所示。由于超燃冲压发动机的高温工作环境较为恶劣,需要对发动机的高温结构尤其是燃烧室壁进行可靠的热防护。隔热层烧蚀冷却和气膜冷却是传统冲压发动机常用的冷却方式。然而随着对超燃冲压发动机工作时间的要求大幅增加,隔热层烧蚀冷却技术由于烧蚀层厚度的限制而很难再适用;同时来流马赫数的增加使冷却气体的总温进一步提高,采用气膜冷却的方式已无法满足要求。航天飞行器采用绝热瓦对受到大量热载荷的迎风表面进行热防护,绝热瓦工作可靠,但易碎且需定期维护,故不适合用在需快速响应的实际工作环境,并不能用于超燃冲压发动机的热防护。另外采用具有大量热沉的金属材料来达到物理吸热的目的,会给飞行器增加了大量重量,缩短运行时间,也不适合超燃冲压发动机长期稳定的热防护[1]。

表 1.1　不同飞行马赫数下燃烧室内的压力和总温[2]

马赫数	最大压力位置		最高温度位置	
	压力/Pa	总温/K	压力/Pa	总温/K
6	301650	2500	67032	2700
8	196310	3050	52668	3100

典型航空发动机热力循环属于定压加热循环—布雷顿(Brayton)循环,对于超高推重比航空发动机,为改善其性能,提高循环净功和循环热效率,实现更高的发动机推重比,以及降低油耗,从热力学的角度主要采用提高发动机涡轮前温度并在此基础上提高压气机增压比的方法。但是,这两方面技术参数的提高面临着日益严峻的高温热负荷的挑战。一方面,航空发动机涡轮前温度从 20 世纪 50 年代的 1100K 发展到今天接近 2100K,预期后期将更高,与此同时,新材料技术的发展跟不上先进航空发动机性能的发展速度。另一方面,随着发动机增压比的提高,压气机出口温度将大幅提高,对于压气机增压比 32 左右的发动机,压气机出口温度已达 800K 左右,这极大地降低了该冷却空气的冷却品质。未来先进航空发动机涡轮前温度的提高以及压气机出口温度的提高,将极大地增加发动机高温涡轮部件的热负荷。随着冷却气体温度的升高,其冷却品质不断降低,为了满足发动机冷却的需求,进而要求增加冷却气体的引气量,然而过量空气的引出会降低发动机推力,抵消部分由涡轮前温度提高和增压比增大所带来的收益,限制航空发动机整体性能的提升空间。总之,依靠传统的冷却方式解决先进超高推重比航空发动机高温部件冷却问题已经变得十分艰难。

相比于半主动和被动热防护技术等传统冷却方式,主动冷却热防护技术在解决空天推进热防护面临的极大挑战上具有显著的优势,它不需要携带专门的冷却剂,也无须特定的冷却系统实现循环冷却,还可以实现能量的再生利用。在超燃冲压发动机的主动冷却过程中,吸热性碳氢燃料进入燃烧室前,先流经高温部件内部的冷却通道进行物理化学吸热,吸收大量无用乃至有害的热量,并最终将这部分能量在燃烧时释放出来,该过程也称为再生冷却。再生冷却过程如图1.1 所示[3]。再生冷却过程中碳氢燃料经历以下过程:碳氢燃料在超临界压力下进入高温部件结构内部,在冷却通道内利用自身物理热沉进行物理吸热;当燃料达到一定温度后裂解形成气态的小分子物质,如氢、乙烯、甲烷等,在裂解过程中燃料又会吸收大量热;裂解形成的小分子气态物质具有极高的热值,并且能够很好地与氧化剂混合,有利于燃烧。再生冷却一方面降低了超燃冲压发动机高温部件的温度,解决了材质选择的难题;另一方面回收了无用乃至有害的热量,提高了燃料能量密度[4]。

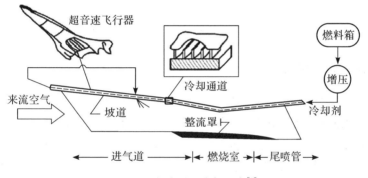

图 1.1 主动再生冷却示意[3]

在超高推重比航空发动机的主动冷却过程中,采用空气-燃油换热器,利用未燃的低温燃料对即将引入高温涡轮部件的冷却空气进行冷却,降低冷却空气温度,从而提高冷却空气的冷却品质,该技术也称为主动再生冷却(cooled cooling air,CCA)技术(见图 1.2)。首先,燃料在进入燃烧室前通过换热器被冷却空气加热,温度升高,燃烧室整体温升得到提高,整机效率也随之提高;其次,燃料本身冷却品质高于空气,少量燃料即能有效降低冷却空气温度,提高冷却品质,冷却空气引气量得以减少,压气机出口引气对航空发动机推力和整体性能的影响能够降低;最后,燃料在超临界压力下吸收热量后温度升高至一定程度后会进入拟临界状态,可以有效提高燃烧效率,在保证相同燃烧热产时可以缩短发动机燃烧室长度,基本抵消加装 CCA 换热器后的发动机增重,消除其对发动机整体重量的影响。在 CCA 技术中,换热器作为核心部件,其冷却效率决定了整个技术方案有效性的高低。除高换热效率需求外,航空发动机内搭载、使用的工作背景要求其具备极高的可靠性和紧凑性,才能在付出有限质量增加代价的同时获得冷却空气冷却品质的大幅度提升。

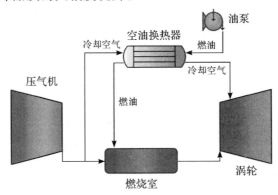

图 1.2　CCA 技术示意[5]

1.1.2　研究意义

高超声速飞行器中超燃冲压发动机的主动再生冷却系统以及先进超高推重比航空发动机的 CCA 系统均采用吸热性碳氢燃料作为冷却工质,利用高压燃油系统来实现碳氢燃料在通道内的高压输运。通常燃料系统压力为 3.45～6.89MPa,高于燃料的临界压力(典型碳氢燃料的临界压力为 2.39MPa)[6],因此主动冷却系统属于超临界压力系统。

使用燃料作为冷源吸收热量时,燃料温度升高并超过其拟临界温度,燃料的状态由液态转变为超临界态。在这一过程中,流体物性发生剧烈变化并对流动传热过程产生影响,使其与亚临界压力下常物性单相流动传热有很大不同。到目前为止,国内外学者也尚未针对超临界压力下呈现出的这些特殊的传热规律的起因形成统一论断。

当碳氢燃料温度超过拟临界温度后继续升高,燃料会发生复杂的化学反应,引发冷却通道壁面结焦问题。根据化学反应机理的不同,壁面结焦可分为热氧化结焦和热裂解结焦两类。当碳氢燃料温度超过 450K 时,会与燃料中的溶解氧发生氧化反应并结焦,即热氧化结焦;当碳氢燃料温度超过 750K 时,会发生裂解、析碳等一系列化学反应,裂解结焦将变得十分显著[7]。壁面结焦会大大增加壁面和吸热型碳氢燃料之间的换热热阻,对主动冷却效果产生不利影响(见图 1.3)。此外,结焦严重时会造成油路堵塞,影响燃料系统可靠运行。

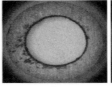

图 1.3 管道内壁面结焦量的逐渐增加[8]

因此,考虑主动冷却技术在流动换热、裂解、结焦等方面的技术难点,为实现主动冷却技术的实际应用,本书对超临界碳氢燃料的流动换热特性、裂解结焦特性以及多场耦合特性开展一系列深入的数值模拟研究,为空天推进器的主动冷却设计提供参考,支持我国高超声速飞行器、超高推重比航空发动机以及涡轮基组合循环发动机的自主研制工作。

1.2 流体的临界特性及超临界状态

1.2.1 气液临界点

在物质从液相转变为气相的过程中,两相之间存在一个十分清晰的分界面,但当压力升高至某一特定值时,这个分界面消失,此时对应的压力被称为临界压力(critical pressure,P_c),温度被称为临界温度(critical temperature,T_c)。该状态在 P-V 图中被称为临界点(critical point),在 P-T 图中为饱和液相曲线与饱和气相曲线的交点,如图 1.4 所示。

1.2.2 临界性质及参数

在临界点处压力和温度的微小改变会引起密度的巨大变化。在这一过程中,流体的其他物理性质也发生显著变化,黏和导热系数迅速变小,定压比热容突然增大[9]。当压力超过临界压力时,物性变化的剧烈程度减弱,定压比热容达到峰值,此时峰值点对应的温度叫作拟临界温度。

超临界压力下流体的特殊物性变化规律对流动换热特性具有关键影响,使超临界压力下碳氢燃料的流动换热问题相比于亚临界条件下更加复杂。

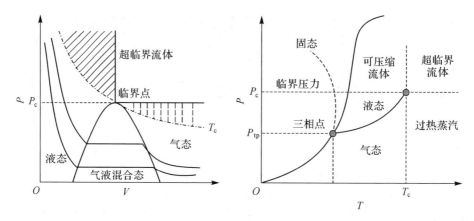

图 1.4　流体气液两相 P-V 关系和 P-T 关系[5]

1.3　超临界流体湍流模型研究

在超临界压力下,拟临界点附近物性发生急剧变化,而常规湍流模型多是由常物性假设获得的半经验半理论型湍流模型,并未考虑变物性对湍流模型的影响。目前,对超临界碳氢燃料的湍流模型的研究仍处于起步阶段,只有少部分研究者利用常规湍流模型和修正湍流模型对超临界碳氢燃料做了数值模拟研究。

1.3.1　湍流模型的修正方法

鉴于流动测量技术的发展限制,大多数学者认为在超临界条件下直接测量流动中的湍流现象是极其困难的。因此,大多数学者计算超临界流动换热的方式是采用现有的湍流模型,根据直接数值模拟(direct numerical simulation, DNS)数据或者理论加以修正,并将计算结果与相应实验数据对比,以确定湍流模型的准确度,根据这个对比结果再次修正湍流模型,以获得最优解。

在早期的工作中,湍流模型多采用简单涡扩散方法,即湍流黏性系数采用简单的代数方程计算。Schnurr 等[10]采用代数方程来计算湍流黏性系数,Bellmore 和 Reid[11]考虑了焓值脉动导致的密度脉动,在常规连续性方程、动量方程和能量方程中添加了密度脉动项。

随着计算机技术和湍流模型的发展,两方程湍流模型开始越来越多地应用在数值研究中,尤其是各类 k-ε 模型应用最多。在现有 k-ε 湍流模型基础上的修正主要针对以下几个方面。

（1）阻尼函数

Patel 等[12]根据现有的实验数据对壁面到核心流动区域所需的距离做推论，认为阻尼函数需要较长的距离才达到统一值。

（2）经验系数

Launder 和 Spalding[13]认为 k-ε 湍流模型中的系数存在如下关系：

$$\frac{\sigma_\varepsilon C_\mu^{0.5}}{\kappa^2}(C_{\varepsilon 2} - C_{\varepsilon 1}) = 1 \tag{1.1}$$

然而，Patel 指出大部分现有的湍流模型不满足上述关系式。

（3）密度变化

Catris 和 Aupoix[14]认为，对于变密度流动，前面提到的关于 k-ε 湍流模型中常系数存在的关系式应该做如下修正：

$$\frac{\sigma_\varepsilon C_\mu^{0.5}}{\kappa^2}(C_{\varepsilon 2} - C_{\varepsilon 1}) = 1 + f(\rho) \tag{1.2}$$

上式考虑了密度变化带来的影响，但 $f(\rho)$ 中包含了很多仍需确认的系数。

（4）边界条件

对于常物性流体，ε 边界条件为

$$\varepsilon_w = \nu \frac{\partial^2 k}{\partial r^2} \tag{1.3}$$

对于超临界流体的变物性流动而言，上述边界条件应做如下修正：

$$\varepsilon_w = \frac{1}{\rho r} \frac{\partial}{\partial r}\left(\frac{\mu r}{\rho} \frac{\partial \rho k}{\partial r}\right) \tag{1.4}$$

（5）湍流普朗特数（Pr）

Mohseni 和 Bazargen[15]的数值计算结果显示，一旦浮升力较大，传热恶化发生，湍流普朗特数就会减小从而导致恶化距离缩短并且壁面温度降低。湍流普朗特数减小值是浮升力的直接函数，浮升力越强，则湍流普朗特数减小得越多。

1.3.2 湍流模型的数值应用

第 1.3.1 节介绍了对湍流模型的修正，包括浮升力的影响、变物性的影响、壁面边界条件的影响等，但大部分学者做的工作是针对某个特定问题，选择最适合其研究的湍流模型。

Koshizuka 等[16]使用数值方法研究了竖直管中超临界水冷却时传热恶化现

象,采用低雷诺数(low-Reynolds number,LRN)(雷诺数的符号为 Re)湍流模型进行计算,发现传热恶化因热流量的两种机制控制,温度分布出现强烈振荡。

Lei 等[17]利用 RNG $k\varepsilon$ 模型研究了水平管内超临界水流动的换热恶化机制,认为水平管内换热恶化发生是垂直分层和轻流体积累在顶部母线区域附近导致的。

He 等[18]采用 Favre 平均法对二维轴流传热问题进行了计算流体力学(CFD)研究,利用直接数值模拟(DNS)数据评估不同低雷诺数湍流模型的性能,主要包括 LS 模型、CH 模型、WI 模型、MK 模型、YS 模型、AKN 模型和 V2F 模型。研究结果表明,LS 模型、YS 模型和 AKN 模型增强了流动层流化现象,因此传热恶化显著。而 CH 模型和 MK 模型能够较准确地显示出层流化现象,V2F 模型对结果的预测最准确。

综合各学者的研究成果可以发现:相对于高雷诺数模型,低雷诺数模型在超临界湍流流动和传热方面表现最好。这是因为高雷诺数模型需要较高的壁面网格质量和较准确的壁面函数才能适应加热壁面附近物性的急剧变化。不管是强迫对流换热还是混合对流传热,低雷诺数 $k\varepsilon$ 模型均能定性地模拟对流换热现象。

1.4 超临界压力下圆管内对流换热特性研究

1.4.1 超临界对流换热特性研究

超临界流体在管内的流动换热过程受到各种因素的影响。从公开文献中发现,变物性、浮升力、热加速、热流密度、质量流速对超临界流体的流动换热特性有较大影响。一般认为,超临界压力下传热可分为三种模式:①低热流高流量下的强化传热;②高壁温下的传热恶化;③高传热系数的传热改善。

低热流高流量下拟临界点附近比热的峰值效应使传热加强;在向上竖直管和水平管中,加热造成的浮升力效应和热加速效应使高热流低流量下发生传热恶化现象;随着热流增加,浮升力效应得到加强,此时相对于强制对流,自然对流占主导因素,传热得到强化。

总体来看,国内外在超临界流体流动与换热机理上开展了大量研究,取得了不少研究成果。典型主动冷却通道为长直管道,目前大量的基础研究围绕长直圆管这一基本管型进行,针对这一领域的换热机理目前尚未统一,已进行的实验研究较为分散,理论模型有待于进一步完善和研究。

国内外研究者对超临界压力下纯物质的换热特性进行了大量研究,Hall[19]、Petukhov[20-21]、Jackson[22-23]、Polyakov[24]、Pitla[25]、Pioro[26-29]、Duffey[30]、Kurganov[31-32]、Yoo[33]、Cheng[34]等学者分别在不同阶段对超临界流体的流动换热特性进行了综述。

Yamagata 等[35]对超临界压力下水在不同流动方式下的流动换热特性进行了研究。研究发现,流体热物性在拟临界点附近变化较大,导致换热系数随着热流密度变化产生异常规律。在低热流密度下,拟临界点附近出现传热强化,而传热恶化发生在高热流密度下。

Hall 和 Jackson[36]对超临界压力下换热强化和换热恶化的发生机理进行了研究。他们认为,在加热工况下,壁面温度高于流体温度,产生了明显的垂直于流向的温度梯度,进而引起了明显的密度梯度,浮升力的影响逐渐增强。随着热流密度增大,径向温度梯度更为明显,进而导致浮升力效应更加显著。为了反映浮升力效应对换热的影响,他们根据实验结果提出了针对竖直圆管内强制对流受到显著浮升力影响的判定标准:

$$\overline{\mathrm{Gr_b}}/\mathrm{Re_b^{2.7}} > 10^{-5} \tag{1.5}$$

其中,

$$\overline{\mathrm{Gr_b}} = g(\rho_b - \rho_m)d^3/\nu_b^2 \tag{1.6}$$

在之后的研究中,McEligot 和 Jackson[37-38]等定义了描述浮升力对换热影响的浮力数:

$$\mathrm{Bo^*} = \mathrm{Gr^*}/(\mathrm{Re^{3.425}}\mathrm{Pr^{0.8}}) \tag{1.7}$$

他们认为,在向上流动中,当 $6 \times 10^{-7} < \mathrm{Bo^*} < 1.2 \times 10^{-6}$ 时,浮升力效应产生换热恶化,随着 $\mathrm{Bo^*}$ 增大,当 $1.2 \times 10^{-6} < \mathrm{Bo^*} < 8 \times 10^{-6}$ 时,换热逐渐恢复;在向下流动中,$\mathrm{Bo^*}$ 越大,则浮升力效应越显著,对换热起增强作用。

除了浮升力之外,热加速是影响流动换热的另一个关键因素。热加速效应会导致管内传热恶化的发生,但其恶化机理与浮升力有所不同。Shiralkar 和 Griffith[39]在对超临界压力下二氧化碳流经 2mm 圆管的对流换热实验中发现,在较小管径中,尽管流动 Re 数较高,但在向上流动和向下流动的实验工况中均出现了壁温峰值,且影响范围大于浮升力影响。

McEligot 等[40]基于管内流动和换热实验结果,提出了判定热加速影响的无量纲因子 K_v:

$$K_\text{v} = \frac{\nu_\text{b}}{u_\text{b}^2}\frac{\mathrm{d}u_\text{b}}{\mathrm{d}x} = \frac{4q^+}{\mathrm{Re}} = \frac{4q_\text{w}}{\rho u_\text{b} C_p T \mathrm{Re}} = \frac{4q_\text{w} d}{\mathrm{Re}^2 \mu C_p T} \tag{1.8}$$

当 $K_\text{v} \geqslant 3\times10^{-6}$ 时,流体热加速效应使湍流强度降低,甚至出现层流化,使换热减弱;当 $K_\text{v} < 3\times10^{-6}$ 时,热加速效应对换热无显著影响。

超临界碳氢燃料的换热特性和纯物质的换热特性有相似之处,故前述关于超临界纯物质的传热特性研究为碳氢燃料传热特性研究提供了重要参考,但是与纯物质相比,碳氢燃料的组成更为复杂。国内外研究者针对超临界碳氢燃料流动换热开展了相关研究。

Zhou 等[41]对超临界压力下戊烷在再生冷却通道内的换热特性进行了研究,得到了进口温度、壁温、质量流量、壁面热流密度、进口压力和流体温度之间的关系,并得到了换热恶化发生时临界热流密度与质量流量、进口压力之间的关联式。结果表明,当燃油温度接近拟临界温度时,换热恶化发生。壁面热流密度减小、进口质量流速增加和进口压力增加均使换热恶化的起始点与壁温峰值位置向后移动。

Liu 等[42]对正癸烷在管径分别为 0.95mm 和 2mm 的竖直管内不同进口压力、热流密度和流动方向下的对流换热特性进行了实验研究。结果显示,在高进口雷诺数下,浮升力和热加速效应均对换热没有显著影响,然而在低进口雷诺数下,浮升力严重弱化了向上流动时的换热效果。

Li 等[43]对超临界压力下 RP-3 流经内径 12mm 水平圆管的对流换热特性进行了数值模拟研究。研究表明,在水平直圆管中,当壁面温度或者油温接近拟临界温度时,换热恶化发生,但是当壁温高于拟临界点时,传热强化发生。

由于换热发生在实际物理结构中,流动管道的直径尺寸会直接影响流动特性,进而影响换热规律。Shang 等[44]采用商用数值软件 STAR-CD 求解器探究了超临界压力下圆管直径对换热的影响。结果表明,在大直径管下,换热恶化更容易产生,同时换热恶化随着质量流速增加而减小。Kurganov 等[45]认为浮升力的影响在大管径中比较显著,流动热加速的影响在小管径中尤为明显。

北京航空航天大学近年来针对超临界压力下航空煤油 RP-3 在较广温度范围热物性参数测量以及在细圆管内流动与对流换热特性进行了大量的实验研究。王英杰[46]搭建了超临界 RP-3 多功能实验台,研究了 RP-3 临界流动特性并测量了临界参数及多个压力下的热沉,分析了超临界压力下 RP-3 在管内的流动换热特性。张春本[47]搭建了超临界压力下碳氢燃料流动与换热试验台,提出了高温高压下碳氢燃料物性的测量方法,测量了 RP-3 在 2~5MPa、295~796K

条件下的定压比热容、密度、黏性及导热系数,填补了高温高压下碳氢燃料基础数据的空白。基于高可信度的碳氢燃料物性数据,对超临界压力下 RP-3 在细圆管内传热特性和流阻特性进行了实验研究,详细分析了系统压力、热流密度、进口温度、质量流量、流动方向及浮升力等因素对流动与换热的影响规律。朱锟[5]开展了超临界压力下航空煤油 RP-3 在水平细圆管中对流换热与流动阻力特性实验研究。研究结果表明,管内壁附近流体与主流之间温差引起的物性差异是导致传热和流动特性变化的主要影响因素。贾洲侠[48]搭建和完善了超临界压力下碳氢燃料流动型多功能实验台和热物性测量瞬态实验台,基于传热学基本原理,通过理论分析发展和完善了高温高压条件下的热物性测量方法,测量了高温条件和超临界压力下碳氢燃料的定压比热容(313～883K)和导热系数(285～513K),并基于定压比热容测量结果确定了 RP-3 在超临界压力(3～5MPa)下的拟临界温度。

1.4.2　超临界对流换热经验关联式研究

国内外学者提出的超临界压力下流体的对流换热经验关系式大多建立在单相流体强制对流换热的基础上,一般采用努塞特数(Nu)、雷诺数、普朗特数和热物性参数来对实验数据进行关联拟合,使用油温或者壁面温度作为定性温度。

在迪特斯-波尔特(Dittus-Boelter,D-B)计算关系式的基础上,Bishop 等[49]针对超临界压力下水在竖直管和环形管中向上流动进行了实验研究,得到了考虑加热入口段长度修正的对流换热关联式:

$$Nu_x = 0.0069 Re_x^{0.9} \overline{Pr}_x^{0.66} \left(\frac{\rho_w}{\rho_b}\right)_x^{0.43} \left(1 + 2.4\frac{d}{x}\right) \tag{1.9}$$

其中,

$$\overline{Pr}_x = \overline{C}_{px} \mu_{bx} / \lambda_{bx} \tag{1.10}$$

式中 x 是沿加热段起始点算起的轴向位置,关联式参数范围如下:压力为 22.8～27.6MPa,主流温度为 555～800K,质量流速为 651～3662kg/(m^2·s)。

Jackson 和 Fewster[50]对 D-B 关系式加入密度修正,得到以下关联式:

$$Nu = 0.0183 Re_b^{0.82} Pr_b^{0.5} \left(\frac{\rho_w}{\rho_b}\right)^{0.3} \tag{1.11}$$

Griem[51]基于 D-B 形式经验关联式,加入导热系数、焓值和定压比热容的修正,得到如下关联式:

$$Nu = \frac{hd}{\lambda} = 0.0169 Re^{0.8356} Pr^{0.432} \varphi \tag{1.12}$$

其中，

$$\bar{\lambda}=\frac{\lambda_b+\lambda_w}{2} \quad Re=\frac{md}{\nu_b} \quad Pr=C_{p,sel}\nu_b/\bar{\lambda}$$

$$\varphi=\begin{cases}0.82, & H_b\leqslant1540\text{kJ/kg} \\ 0.82+0.18\dfrac{H_b-1540}{200}, & 1540\text{kJ/kg}<H_b<1740\text{kJ/kg} \\ 1, & H_b\geqslant1740\text{kJ/kg}\end{cases} \quad (1.13)$$

上式的适用范围如下：压力为 22.0～27.0MPa，质量流速为 300～2500kg/(m^2·s)，热流密度为 200～700kW/m^2。

Jackson[52] 参考前述关联式，并根据已有的关于超临界水和二氧化碳的实验数据进行总结与分析，提出以下超临界对流换热经验关联式：

$$Nu_b=0.0183Re_b^{0.82}Pr_b^{0.5}\left(\frac{\overline{C_p}}{C_{p,b}}\right)^n\left(\frac{\rho_w}{\rho_b}\right)^{0.3} \quad (1.14)$$

其中，

$$n=\begin{cases}0.4, & T_b<T_w<T_{pc},1.2T_{pc}<T_b<T_w \\ 0.4+0.2(T_w/T_{pc}-1), & T_b<T_{pc}<T_w \\ 0.4+0.2(T_w/T_{pc}-1)[1-5(T_w/T_{pc}-1)], & T_{pc}<T_b<1.2T_{pc},T_b<T_w\end{cases} \quad (1.15)$$

Petukhov 和 Kirillov[53] 在 1958 年提出了用于计算超临界压力下二氧化碳对流换热的关联式：

$$Nu_0=\frac{(f/8)Re_b\overline{Pr}}{12.7\sqrt{f/8}(\overline{Pr}^{2/3}-1)+1.07} \quad (1.16)$$

其中，

$$f=\begin{cases}\dfrac{1}{[1.82\lg(Re_b)-1.64]^2}, & Re<10^5 \\ 0.02, & Re>10^5\end{cases} \quad (1.17)$$

之后，Krasnoshchekov 等[54]基于上述关联式提出了适用于超临界水和二氧化碳的物性修正换热关联式：

$$Nu=Nu_0\left(\frac{\mu_b}{\mu_w}\right)^{0.11}\left(\frac{\lambda_b}{\lambda_w}\right)^{-0.33}\left(\frac{\overline{C_p}}{C_{p,w}}\right)^{0.35} \quad (1.18)$$

其适用范围为

$$2\times10^4<Re_b<8.6\times10^5,0.85<\overline{Pr}<65,0.90<\frac{\mu_b}{\mu_w}<3.6$$

$$1.00<\frac{\lambda_b}{\lambda_w}<6.00,0.07<\frac{\overline{C_p}}{C_{p,b}}<4.50$$

Gnielinski[55]针对单相流体工质在管道内湍流换热特性,在 Petukhov 关联式基础上提出了适用范围更广的经验关联式:

$$Nu = \frac{(f/8)(Re_b - 1000)Pr}{1 + 12.7\sqrt{f/8}(Pr^{2/3} - 1)} \tag{1.19}$$

其中,

$$f = [0.79\ln(Re_b) - 1.64]^{-2} \tag{1.20}$$

上式在雷诺数为 2300~10^6,普朗特数为 0.7~120 并且长径比大于等于 10 的范围内精度较高。

由于修正后的关系式中保留了与流动相关的因素,同时加入了壁面物性数据,因此具有相对较高的计算精度和较为广泛的适用性。

基于 Gnielinski 计算公式,Pitla[56]考虑壁面温度对近壁面处流体物性的影响,得到流体工质在水平管内的对流换热计算关联式:

$$Nu = \left(\frac{Nu_w + Nu_b}{2}\right)\frac{\lambda_w}{\lambda_b} \tag{1.21}$$

其中,Nu_w 和 Nu_b 分别为取壁面温度和流体主流温度,为定性温度,利用 Gnielinski 计算公式获得的努塞特数。

当浮升力和热加速对流动换热特性影响较为明显时,已有经验关系式不足以准确描述超临界压力下流体的换热强化和换热恶化现象,因此加入了反映浮升力和热加速影响的项,从而更好地与实验值吻合。

Liao 和 Zhao[57]对超临界压力下二氧化碳在水平和竖直圆管中的流动换热特性进行实验研究,得到了加入浮升力作用的计算平均努塞特数的关联式。

水平流动:

$$Nu = 0.124Re_b^{0.8}Pr_b^{0.4}\left(\frac{Gr}{Re_b^2}\right)^{0.203}\left(\frac{\rho_w}{\rho_b}\right)^{0.842}\left(\frac{\overline{C}_p}{C_{p,b}}\right)^{0.384} \tag{1.22}$$

向上流动:

$$Nu = 0.354Re_b^{0.8}Pr_b^{0.4}\left(\frac{Gr}{Re_b^{2.7}}\right)^{0.157}\left(\frac{\rho_w}{\rho_b}\right)^{1.279}\left(\frac{\overline{C}_p}{C_{p,b}}\right)^{0.296} \tag{1.23}$$

向下流动:

$$Nu = 0.643Re_w^{0.8}Pr_b^{0.4}\left(\frac{Gr}{Re_b^{2.7}}\right)^{0.186}\left(\frac{\rho_w}{\rho_b}\right)^{2.154}\left(\frac{\overline{C}_p}{C_{p,b}}\right)^{0.751} \tag{1.24}$$

上式主要用来计算平均对流换热系数,对于超临界压力下流体在不同流向中出现的局部换热强化和换热恶化的现象不能够完全体现。

为了能够真实反映超临界流体在不同流向中浮升力作用对流动换热规律的

影响,Watts 和 Chou[58] 在 D-B 计算公式的基础上引入了反映浮升力影响的计算因子 Bu 用于修正正常换热及换热恶化区域。随后,Bae 等[59] 通过对超临界压力下二氧化碳流经内径为 4mm 和 9mm 不锈钢管内的流动与换热实验数据进行总结,并对其计算公式进行了进一步完善,提出了如下关系式:

$$\mathrm{Nu} = \mathrm{Nu}_0 \cdot f(\mathrm{Bu}) \tag{1.25}$$

$$\mathrm{Nu}_0 = 0.0183 \mathrm{Re}_b^{0.82} \mathrm{Pr}_b^{0.5} \left(\frac{\rho_w}{\rho_b} \right)^{0.43} \left(\frac{\overline{C_p}}{C_{p,b}} \right)^n \tag{1.26}$$

$$n = \begin{cases} 0.4, & T_b < T_w < T_{pc}, 1.2 T_{pc} < T_b < T_w \\ 0.4 + 0.2(T_w/T_{pc} - 1), & T_b < T_{pc} < T_w \\ 0.4 + 0.2(T_w/T_{pc} - 1)[1 - 5(T_w/T_{pc} - 1)], & T_{pc} < T_b < 1.2 T_{pc}, T_b < T_w \end{cases} \tag{1.27}$$

$$f(\mathrm{Bu}) = \begin{cases} (1 + 1.0 \times 10^8 \mathrm{Bu})^{-0.032}, & 5.0 \times 10^{-8} < \mathrm{Bu} < 7.0 \times 10^{-7} \\ 0.0185 \mathrm{Bu}^{-0.43465}, & 7.0 \times 10^{-7} < \mathrm{Bu} < 1.0 \times 10^{-6} \\ 0.75, & 1.0 \times 10^{-6} < \mathrm{Bu} < 1.0 \times 10^{-5} \\ 0.0119 \mathrm{Bu}^{-0.36}, & 1.0 \times 10^{-5} < \mathrm{Bu} < 3.0 \times 10^{-5} \\ 32.4 \mathrm{Bu}^{0.4}, & 3.0 \times 10^{-5} < \mathrm{Bu} < 1.0 \times 10^{-4} \end{cases} \tag{1.28}$$

从拟合关系式与实验值的对比看出,其中 86% 的实验数据与上述计算公式的误差在 ±30% 以内。

Jackson 等[22-23] 针对强制对流换热情况下浮升力对换热的影响规律,提出了计算混合对流换热努塞特数的半经验理论模型:

$$\frac{\mathrm{Nu}}{\mathrm{Nu}_f} = \left[\left| 1 \pm 8 \times 10^4 \mathrm{Bo}^* \left(\frac{\mathrm{Nu}}{\mathrm{Nu}_f} \right)^{-2} \right| \right]^{0.46} \tag{1.29}$$

其中,"+"表示向下流动,"−"表示向上流动。

Li 等[60] 基于上述 Jackson 计算关系式,引入了对浮升力影响因子 Bo* 的进一步修正,得到了针对超临界压力下二氧化碳在竖直微细圆管内的计算关系式:

向下流动:

$$\frac{\mathrm{Nu}}{\mathrm{Nu}_f} = \left[1 + (\mathrm{Bo}^*)^{0.1} \left(\frac{\overline{C_p}}{C_{p,b}} \right)^{-0.3} \left(\frac{\rho_w}{\rho_b} \right)^{0.5} \left(\frac{\mathrm{Nu}}{\mathrm{Nu}_f} \right)^{-2} \right]^{0.46} \tag{1.30}$$

向上流动:

$$\frac{\mathrm{Nu}}{\mathrm{Nu}_f} = \left[\left| 1 - (\mathrm{Bo}^*)^{0.1} \left(\frac{\overline{C_p}}{C_{p,b}} \right)^{-0.009} \left(\frac{\rho_w}{\rho_b} \right)^{0.35} \left(\frac{\mathrm{Nu}}{\mathrm{Nu}_f} \right)^{-2} \right| \right]^{0.46} \tag{1.31}$$

由于碳氢燃料的混合组成以及其物理化学性质的不稳定性,碳氢燃料在超临界压力下的传热规律与水、二氧化碳有很大不同,超临界压力下纯物质流体传热经验关系不能很好地对其进行描述。

Masters[61]在丙烷传热实验的基础上,结合超临界和亚临界压力下的实验数据,建立了超临界压力下丙烷传热经验公式,如下式所示:

$$Nu = a \left[1 + \frac{2}{\left(\frac{x}{d} \right)} \right] Re^b Pr^c \left(\frac{\mu_b}{\mu_w} \right)^d \left(\frac{\rho_b}{\rho_w} \right)^e \left(\frac{\lambda_b}{\lambda_w} \right)^f \left(\frac{C_{p,b}}{C_{p,w}} \right)^g \left(\frac{P}{P_c} \right)^h \tag{1.32}$$

上式适用于 $Re \geqslant 2300$ 的所有工况,式中所有未知系数和指数可通过实验数据的多重回归分析进行确定。该式计算结果与实验值误差在 $\pm 30\%$ 以内。

Stiegemeier[62]使用该公式的简化形式如下所示,对超临界压力下 JP-7、JP-8、JP-8+100、JP-10 和 RP-1 的传热进行了研究。结果表明,该公式对碳氢燃料具有较好的适用性,计算值与实验值误差在 $\pm 30\%$ 以内。

$$Nu = a \left[1 + \frac{2}{\left(\frac{x}{d} \right)} \right] Re^b Pr^{0.4} \tag{1.33}$$

1.5 超临界碳氢燃料的裂解及结焦研究

1.5.1 热裂解反应研究

碳氢燃料的热裂解机理十分复杂,数千个甚至上万个化学反应同时发生,其中包括了多种复杂反应,如分解反应、缩合反应、环化反应等。有关碳氢燃料热裂解反应的研究在国外开展得较早,如 Edwards 等[63]针对 JP-7 航空煤油热裂解产物进行分析,Stewart 等[64]对正癸烷、十氢化萘等碳氢化合物热裂解反应机理进行研究。Zhou 和 Crynes[65]研究了正十二烷在中等温度和较高压力下的热裂解现象。研究结果表明,当最高温度达到 600K 时,正十二烷裂解生成一系列烷烃和烯烃;随着压力升高,正十二烷更易裂解形成大分子的饱和碳氢化合物,这些现象可通过修正的自由基链式机理来解释。通过对一系列直链烷烃(包括 C_9、C_{12}、C_{13}、C_{16} 和 C_{22})及其混合物在常压下、623~893K 温度范围内的裂解过程进行研究,发现无支链烃热裂解主要产生 1-烯烃,并且压力越低,裂解生成 1-烯烃的选择度越高。Yu 和 Eser[66]对 $C_{10} \sim C_{14}$ 的正烷烃在跨临界和超临界条件下的热裂解机理进行了实验研究,分析出了 $C_{10} \sim C_{14}$ 正烷烃裂解的主要产物种类和次要产物种类。此外,他们获得了化学反应一阶速率常数,并发现在跨临界区域时压力对反应速率常数会产生一定的影响。

1.5.2　壁面结焦研究

在碳氢燃料发生热氧化反应时,烷基氢过氧化物被看作是沉积物的前体,而烷基氢过氧化物的减少也意味着沉积物的增加。以 RP-3 的热氧化结焦为例,烷基氢过氧化物 ROOH 在温度高于 363K 时会发生分解,而当燃油温度高于 423.15K 时,碳氢燃料会发生氧化分解,产生沉积[67]。研究表明,当温度在 500K 左右时,RP-3 的氧化沉积达到最大。在碳氢燃料氧化分解形成稀烃等不饱和烃时,烯烃中的 C ═C 不饱和双键易断裂,发生复杂的有机化学反应,由小分子形成大分子高聚物,附着在管壁表面,出现沉积。此外,沉积之后的大分子高聚物也可以继续发生脱氢反应,最后形成焦炭,在管壁表面沉积结焦;又或者大分子高聚物脱氢形成焦炭颗粒,然后在壁面沉积结焦。热氧化结焦的形成过程可以由图 1.5 示意性地表示[68]。图 1.6 为 DeWitt 等[69]电镜扫描拍摄的 JP-8 燃料氧化结焦形态。

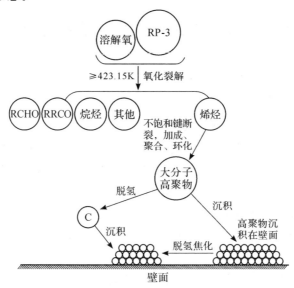

图 1.5　热氧化结焦过程[68]

相比于氧化结焦,热裂解结焦在高温时结焦速率极高(见图 1.7[7])。同时,裂解结焦带来的负面影响会变得更为显著,因此本书的内容主要围绕裂解结焦展开。裂解结焦是由于碳氢化合物热裂解形成的自由基缩合成多环芳烃化合物,再经脱氢形成焦炭。焦炭颗粒由于对流、扩散作用到达并附着于壁面,这一

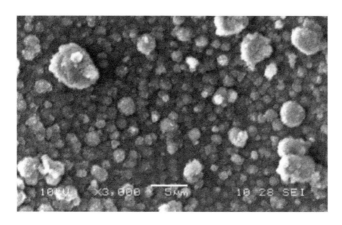

图 1.6　JP-8 燃料氧化结焦形态电镜扫描结果[69]

结焦途径称为非催化结焦。此外,发生裂解的碳氢燃料还会在冷却通道表面一些金属元素的催化作用下生成丝状纤维焦炭,这一结焦途径称为催化结焦。

　　关于裂解结焦机理,Albright 等[70]认为乙炔、芳烃和双烯烃是最主要的结焦母体,结焦母体的类型和数量会影响生成的结焦量。结焦形态随着裂解程度和焦炭厚度增加而变化,反应物停留时间、反应器表面特性和结焦时间均会影响焦炭的形成。Kopinke 等[71]认

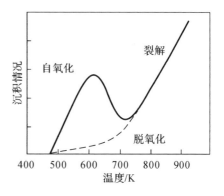

图 1.7　碳氢燃料的结焦速率[7]

为,烃类热裂解结焦时管内的某些组分起着很重要的作用。由于烷烃不直接参与结焦反应,所以其本身不是结焦母体,烷烃对结焦的影响主要体现在其裂解后生成的芳烃和烯烃上。其中,烯烃是最主要的结焦母体,芳烃是第二重要的结焦母体,并且芳烃的侧链和芳环的数量越多,结焦速率越高。茅文星[72]认为,碳氢燃料的裂解包含分子的分解和分子的结合这两类反应:分子的分解反应生成乙烯、丙烯等气相产物,分子的结合反应生成轻质芳烃。其中,轻质芳烃脱氢缩合为多环芳烃,再进一步转变为稠环芳烃,最后由液体焦油转变为固体碳青质,生成积炭。魏耀东和孙国刚[73]对压力梯度附面层内颗粒沉积的机理进行了研究。他们指出,附面层内颗粒的扩散沉积是气体和颗粒湍流扩散及压力梯度共同作用的结果。颗粒的沉积是一个复杂的气固相互作用过程,包括两个阶段:颗粒在横向力的作用下穿越附面层运动到壁面;附着于壁面或与已经黏附在壁面上的

颗粒发生凝并,形成颗粒沉积层(见图1.8)。其中,前一阶段与颗粒扩散和气固两相流的湍流运动有关,后一阶段与颗粒的性质有关,并主要取决于结焦环境和条件。

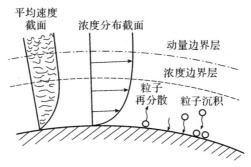

图1.8　边界层内颗粒沉积示意[73]

李处森等[74]对Ni在碳氢化合物热裂解结焦过程中的行为进行了研究。研究发现,Ni原子极易与碳氢化合物热裂解后形成的富电子的自由基中间体进行电子配对,形成的强烈化学吸附,大大延长自由基中间体在Ni表面的停留时间,使自由基中间体发生深度脱氢反应,并逐步碳化。被吸附的气态自由基中间体逐步溶解进入Ni粒,露出的Ni表面继续催化;而溶解的碳扩散,通过Ni粒在晶界处碳化并以固态沉淀析出。随着上述过程的持续进行,Ni粒下的析出碳不断增多,形成棒状或纤维状碳柱形貌,导致催化结焦(见图1.9)。

Kopinke等[75]在实验研究中认为丝状焦炭顶部的金属团簇从气相烃类物

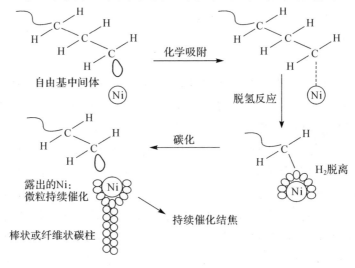

图1.9　Ni的催化析碳机制示意[74]

质中消耗碳。这种效应随着反应时间的增加而减弱,因为焦炭的逐渐积累会导致催化活性金属簇的封闭(见图 1.10)。

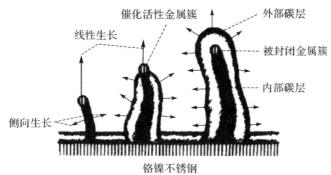

图 1.10 壁面结焦机理[75]

图 1.11 为 DeWitt 等[69]用电镜扫描拍摄的 JP-8 燃料裂解结焦形态,壁面结焦刚出现时主要以金属催化结焦为主,焦炭形态为棒状纤维焦炭(对应于图 1.10 中的线性生长),如图 1.11(a)所示;随着结焦过程的不断进行,金属催化结焦的生长变得缓慢,此时壁面结焦的增加主要通过焦炭颗粒黏附在棒状纤维上(对应于图 1.10 中的侧向生长),呈现图 1.11(b)所示的结焦形态。

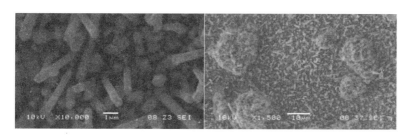

(a) 催化结焦为主

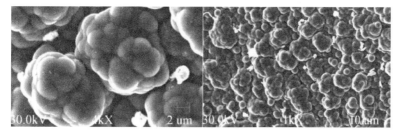

(b) 催化、非催化结焦均存在一定量的积累后

图 1.11 JP-8 燃料裂解结焦形态电镜扫描结果[69]

参考文献

［1］ Wishart D P，Fortin T，Guinan D，et al. Design，Fabrication and Testing of an Actively Cooled Scramjet Propulsion System［C］. AIAA，2003-0015.

［2］ Mobile T C T. Review and Evaluation of the Air Force Hypersonic Technology Program［M］. Washington D. C.：National Academy Press，1998.

［3］ Qin J，Zhang S L，Bao W，et al. Thermal Management Method of Fuel in Advanced Aeroengines［J］. Energy，2013，49：459-468.

［4］ 范启明，米镇涛，于燕，等.高超音速推进用吸热型烃类燃料的热稳定性研究Ⅰ.热氧化与热裂解沉积［J］.燃料化学学报，2002，30(1)：78-82.

［5］ 朱锟. 超临界压力碳氢燃料在细管内的流动与换热特性研究［D］. 北京：北京航空航天大学，2013.

［6］ Edwards T，Zabarnick S. Supercritical Fuel Deposition Mechanisms［J］. Industrial and Engineering Chemistry Research，1993，32：3117-3122.

［7］ Spadaccini L J，Sobel D R，Huang H. Deposit Formation and Mitigation in Aircraft Fuels［J］. Journal of Engineering for Gas Turbines and Power，2001，123：741-746.

［8］ Liu Z H，Bi Q C，Yong G，et al. Hydraulic and Thermal Effects of Coke Deposition during Pyrolysis of Hydrocarbon Fuel in a Mini-Channel［J］. Energy & Fuels，2012，26(6)：3672-3679.

［9］ 陈听宽. 两相流与传热研究［M］. 西安：西安交通大学出版社，2004：57-193.

［10］ Schnurr N M，Sastry V S，Shapiro A B. A Numerical Analysis of Heat Transfer to Fluids near the Thermodynamic Critical Point Including the Thermal Entrance Region［J］. Journal of Heat Transfer，1976：609-615.

［11］ Bellmore C P，Reid R L. Numerical Prediction of Wall Temperatures for Near Critical Para-Hydrogen in Turbulent Upflow Inside Vertical Tubes［J］. Journal of Heat Transfer，1983，105(3)：536-541.

［12］ Patel V C，Rodi W，Scheuerer G. Turbulent Models for Near-Wall and Low Reynolds Number Flows：A Review［J］. AIAA Journal，1984，23：1308-1319.

［13］ Launder B E，Spalding D B. The Numerical Computation of Turbulent Flows［J］. Computer Method Applied Mechanisms Engineering，1974：269-289.

［14］ Catris S，Aupoix B. Density Corrections for Turbulence Models［J］. Aerospace Science and Technology，2000：1-11.

［15］ Mohseni M，Bazargan M. Effect of Turbulent Prandtl Number on Convective Heat Transfer to Turbulent Flow of a Supercritical Fluid in a Vertical Round Tube［J］. ASME Journal of Heat Transfer，2011.

［16］ Koshizuka S，Takano N，Oka Y. Numerical Analysis of Deterioration Phenomena in Heat Transfer to Supercritical Water［J］. International Journal of Heat and Mass Transfer，1995，

16:3077-3084.

[17] Lei X L, Li H X, Yu S Q, et al. Numerical Investigation on the Mixed Convection and Heat Transfer of Supercritical Water in Horizontal Tubes in the Large Specific Heat Region[J]. Computer and Fluids, 2012:127-140.

[18] He S, Kim W S, Bae J H. Assessment of Performance of Turbulence Models in Predicting Supercritical Pressure Heat Transfer in a Vertical Tube[J]. International Journal of Heat and Mass Transfer, 2008: 4659-4675.

[19] Hall W B. Heat Transfer near the Critical Point[J]. Advances in Heat Transfer, 1971, 7:1-86.

[20] Petukhov B S. Heat Transfer and Friction in Turbulent Pipe Flow with Variable Physical Properties[J]. Advances in Heat Transfer, 1970, 6:503-564.

[21] Petukhov B S, Kurganov V A, Ankudinov V B. Heat Transfer and Flow Resistance in the Turbulent Pipe Flow of a Fluid with Near-Critical State Parameters[J]. High Temperature Science, 1983, 21(1):81-89.

[22] Jackson J D, Hall W B. Forced Convection Heat Transfer to Fluids at Supercritical Pressure[J]. Turbulent Forced Convection in Channels and Bundles, 1979, 2:563-611.

[23] Jackson J D. Fluid Flow and Convective Heat Transfer to Fluids at Supercritical Pressure[J]. Nuclear Engineering and Design, 2013, 264:24-40.

[24] Polyakov A F. Heat Transfer under Supercritical Pressures[J]. Advances in Heat Transfer, 1991, 21(4):1-53.

[25] Pitla S S, Robinson D M, Groll E A, et al. Heat Transfer from Supercritical Carbon Dioxide in Tube Flow:A Critical Review[J]. HVAC&R Research, 1998, 4(4):281-301.

[26] Pioro I L. Heat-Transfer at Supercritical Pressures[C]. 2010 14th International Heat Transfer Conference, ASME, 2010:369-382.

[27] Pioro I L, Duffey R B. Experimental Heat Transfer in Supercritical Water Flowing Inside Channels(survey)[J]. Nuclear Engineering and Design, 2005, 235:2407-2430.

[28] Pioro I L, Duffey R B, Dumouchel T J. Hydraulic Resistance of Fluids Flowing in Channels at Supercritical Pressures (survey)[J]. Nuclear Engineering and Design, 2004, 231:187-197.

[29] Pioro I L, Khartabil H F, Duffey R B. Heat Transfer to Supercritical Fluids Flowing in Channels-empirical Correlations (survey)[J]. Nuclear Engineering and Design, 230, 2004:69-91.

[30] Duffey R B, Pioro I L. Experimental Heat Transfer of Supercritical Carbon Dioxide Flowing inside Channels(survey)[J]. Nuclear Engineering and Design, 2005, 235:913-924.

[31] Kurganov V A, Zeigarnik Y A, Maslakova I V. Heat Transfer and Hydraulic Resistance of Supercritical-pressure Coolants. Part I: Specifics of Thermophysical Properties of Supercritical Pressure Fluids and Turbulent Heat Transfer under Heating Conditions in Round Tubes (State of the Art) [J]. International Journal of Heat and Mass Transfer, 2012, 55(11):3061-3075.

[32] Kurganov V A, Zeigarnik Y A, Maslakova I V. Heat Transfer and Hydraulic Resistance of Supercritical Pressure Coolants. Part IV: Problems of Generalized Heat Transfer Description, Methods of Predicting Deteriorated Heat Transfer; Empirical Correlations; Deteriorated Heat Transfer Enhancement; Dissolved Gas Effects[J]. International Journal of Heat and Mass Transfer, 2014, 77:1197-1212.

[33] Yoo J Y. The Turbulent Flows of Supercritical Flows with Heat Transfer[J]. Annual Review of Fluid Mechanics, 2013, 45(1):495-525.

[34] Cheng X, Schulenberg T. Heat Transfer at Supercritical Pressures: Literature Review and Application to an HPLWR[J]. FZKA, 2001.

[35] Yamagata K, Nishikawa K, Hasegawa S, et al. Forced Convective Heat Transfer to Supercritical Water Flowing in Tubes[J]. International Journal of Heat and Mass Transfer, 1972, 15(12):2575-2593.

[36] Hall W B, Jackson J D. Laminarization of a Turbulent Pipe Flow by Buoyancy Force[C]. 11th National Heat Transfer Conference, 1969.

[37] Jackson J D, Hall W B. Influence of Buoyancy on Heat Transfer to Fluids Flowing in Vertical Tubes under Turbulent Conditions[J]. Turbulent Forced Convection in Channels and Bundles, 1979, 2:613-640.

[38] Jackson J D, Cotton M A, Axcell B P. Studies of Mixed Convection in Vertical Tubes[J]. International Journal of Heat and Fluid Flow, 1989, 10(1):2-15.

[39] Shiralkar B S, Griffith P. The Effect of Swirl, Inlet Condition, Flow Direction and Tube Diameter on the Heat Transfer to Fluids at Supercritical Pressure[J]. Journal of Heat Transfer, 1970, 92(3):465-474.

[40] McEligot D M, Coon C W, Perkins H C. Relaminarization in Tubes[J]. International Journal of Heat and Fluid Flow, 1970, 13:431-433.

[41] Zhou W X, Bao W, Qin J, et al. Deterioration in Heat Transfer of Endothermal Hydrocarbon Fuel[J]. Journal of Thermal Science, 2011, 20(2):173-180.

[42] Liu B, Zhu Y H, Yan J J, et al. Experimental Investigation of Convection Heat Transfer of n-Decane at Supercritical Pressures in Small Vertical Tubes[J]. International Journal of Heat and Mass Transfer, 2015, 91:734-746.

[43] Li X F, Huai X L, Cai J, et al. Convective Heat Transfer Characteristic of China RP-3 Aviation Kerosene at Supercritical Pressure[J]. Applied Thermal Engineering, 2011, 31: 2360-2366.

[44] Shang Z, Chen S. Numerical Investigation of Diameter Effect on Heat Transfer of Supercritical Water Flows in Horizontal Round Tubes[J]. Applied Thermal Engineering, 2011, 31:573-581.

[45] Kurganov V A, Ankudinov V B, Kaptil'nyi A G. Experimental Study of Velocity and

Temperature Fields in an Ascending Flow of Carbon Dioxide of Supercritical Pressure in a Heated Vertical Tube[J]. High Temperature, 1986, 24(6): 811-818.

[46] 王英杰. 超临界 RP-3 流动换热及结焦实验研究[D]. 北京: 北京航空航天大学, 2009.

[47] 张春本. 超临界压力下碳氢燃料的流动与换热特性研究[D]. 北京: 北京航空航天大学, 2011.

[48] 贾洲侠. 超临界压力碳氢燃料在竖直细圆管内流动与换热研究[D]. 北京: 北京航空航天大学, 2015.

[49] Bishop A A, Sandberg R O, Tong L S. Forced Convection Heat Transfer to Water at Near-Critical Temperatures and Supercritical Pressures[R]. Pittsburgh, USA: Westinghouse Electric Corp, 1964.

[50] Jackson J D, Fewster J. Forced Convection Data for Supercritical Pressure Fluids[M]. HTFS, 1975.

[51] Griem H. A New Procedure for the Prediction Forced Convection Heat Transfer at Near-and Supercritical Pressure[J]. Heat and Mass Transfer, 1996, 31(5):301-305.

[52] Jackson J D. Consideration of the Heat Transfer Properties of Supercritical Pressure Water in Connection with the Cooling of Advanced Nuclear Reactors[A]. 13th Pacific Basin Nuclear Conference[C]. 2002:21-25.

[53] Petukhov B S, Kirillov P. About Heat Transfer at Turbulent Fluid Flow in Tubes[J]. Thermal Engineering, 1958, 4:63-68.

[54] Krasnoshchekov E A, Protopopov V S. Heat Transfer at Supercritical Region in Flow of Carbon Dioxide and Water in Tubes(In Russian)[J]. Thermal Engineering, 1959, 12:26-30.

[55] Gnielinski V. New Equation for Heat and Mass Transfer in Turbulent Pipe and Channel Flow[J]. International Chemical Engineering, 1976, 16(2):359-368.

[56] Pitla S S, Groll E A, Ramadhyani S. Convective Heat Transfer from In-Tube Cooling of Turbulent Supercritical Carbon Dioxide: Part 2—Experimental Data and Numerical Predictions[J]. HVAC&R Reserch,2001,7(4):367-382.

[57] Liao S M, Zhao T S. An Experimental Investigation of Convection Heat Transfer to Supercritical Carbon Dioxide in Miniature Tubes[J]. International Journal of Heat and Mass Transfer, 2002, 45:5025-5034.

[58] Watts M J, Chou C T. Mixed Convection Heat Transfer to Supercritical Pressure Water[J]. Begel House Inc, 1982.

[59] Bae Y Y, Kim H Y. Convective Heat Transfer to CO_2 at a Supercritical Pressure Flowing Vertically Upward in Tubes and an Annular Channel[J]. Experimental Thermal and Fluid Science, 2009, 33:329-339.

[60] Li Z H, Jiang P X, Zhao C R, et al. Experimental Investigation of Convection Heat Transfer of CO_2 at Supercritical Pressures in a Vertical Circular Tube[J]. Experimental Thermal and

Fluid Science, 2010, 34(8):1162-1171.

[61] Masters P A, Aukerman C A. Deposit Formation in Hydrocarbon Rocket Fuels with an Evaluation of a Propane Heat Transfer Correlation[J]. NASA TM-82911, 1982, 6.

[62] Stiegemeier B, Meyer M L, Taghavi R. A Thermal Stability and Heat Transfer Investigation of Five Hydrocarbon[C]. AIAA 2002-3873.

[63] Edwards T, Anderson S. Results of High Temperature JP-7 Cracking Assessment[A]. 31st Aerospace Sciences Meeting[C]. American Institute of Aeronautics and Astronautics, 1993: AIAA-93-0806.

[64] Stewart J, Brezinsky K, Glassman I. Supercritical Pyrolysis of Decalin, Tetralin, and n-Decane at 700-800K. Product Distribution and Reaction Mechanism[J]. Combustion Science & Technology, 1998, 136(1-6): 373-390.

[65] Zhou P, Crynes B L. Thermolytic Reactions of Dodecane[J]. Industrial & Engineering Chemistry Research, 1986, 25(2): 508-514.

[66] Yu J, Eser S. Thermal Decomposition of C10-C14 Normal Alkanes in Near-Critical and Supercritical Regions: Product Distributions and Reaction Mechanism[J]. Industrial & Engineering Chemistry Research, 1997, 36(3): 574-585.

[67] 李子木. 碳氢燃料氧化积碳与裂解积碳的初步研究[D]. 天津:天津大学, 2007.

[68] 王文博. 超临界压力下航空煤油 RP-3 沉积过程的数值研究[D]. 辽宁:大连理工大学, 2015.

[69] DeWitt M J, Edwards T, Shafer L, et al. Effect of Aviation Fuel Type on Pyrolytic Reactivity and Deposition Propensity under Supercritical Conditions [J]. Industrial & Engineering Chemistry Research, 2011, 50(18): 10434-10451.

[70] Albright L F, Marek J C. Analysis of Coke Produced in Ethylene Furnaces: Insights on Process Improvements[J]. Industrial & Engineering Chemistry Research, 1988, 27(5): 751-755.

[71] Kopinke F D, Zimmermann G, Reyniers G C, et al. Relative Rates of Coke Formation from Hydrocarbons in Steam Cracking of Naphtha. II: Paraffins, Naphthenes, mono-, di-, and Cycloolefins, and Acetylenes[J]. Industrial & Engineering Chemistry Research, 1993, 32: 56-61.

[72] 茅文星. 烃类热裂解的结焦反应[J]. 石油化工, 1985, 14(1):45-52.

[73] 魏耀东,孙国刚. 压力梯度附面层内颗粒沉积的机理[J]. 过程工程学报, 2002, 2(增刊): 369-374.

[74] 李处森,于力,杨院生. 三种金属及其氧化物膜在碳氢化合物热裂解反应中结焦行为的研究[J]. 中国腐蚀与防护学报, 2001, 21(3):158-165.

[75] Kopinke F D, Zimmermann G, Nowak S. On the Mechanism of Coke Formation in Steam Cracking—Conclusions from Results Obtained by Tracer Experiments[J]. Carbon, 1988, 26(2): 117-124.

第2章 碳氢燃料的热物性模型

碳氢燃料的热物性随工况发生的复杂变化,对数值模拟精度起着关键性基础作用。本章阐述碳氢燃料物性计算所采用的基本原理,并给出热物性计算具体算法;基于提出的计算算法,对典型碳氢燃料航空煤油 RP-3 及正癸烷的热物性模型开展分析,提出相应的替代热物性模型,并与试验数据对比,说明热物性模型的准确度。

2.1 碳氢燃料的热物性计算方法

2.1.1 广义对应态法则

对应态原理认为:如果两种物质的相对压力(压力与临界压力之比)和相对温度(温度与临界温度之比)分别相同,那么其他性质也保持一种对应关系。最早的对应态原理由 van der Waals 提出[1],其数学形式为

$$f(P_{cr}, T_{cr}, \rho_{cr}) = 0 \tag{2.1}$$

上述数学形式仅适用于简单弱极性分子,此时不同工质的临界压缩因子近似相等。已知一种物质的状态方程即 P-V-T 关系,则可根据上式求出具有对应关系的另一种物质的状态方程。由于碳氢燃料组分复杂,各组分的分子结构之间有较大差别,传统的两参数对应态原理无法准确描述两种物质之间的对应关系。考虑到复杂分子强极性和缔合性,有研究者在传统的两参数对应态原理基础上增加了一个或多个参数,如偏心因子、临界压缩因子等,形成三参数或多参数对应态原理。数学上,多参数对应态原理[2]可表示为

$$T_r = T_m / f_m \tag{2.2}$$

$$P_r = P_m h_m / f_m \tag{2.3}$$

$$\rho_r = \rho_m h_m \tag{2.4}$$

其中,下标 r 代表参考物质,下标 m 代表待求混合物。变化系数可表示为

$$f_i = f(T_i^c, T_m, T_r^c, \omega_i, \omega_r) \tag{2.5}$$

$$h_i = h(T_i^c, T_m, \rho_r^c, \rho_i^c, Z_r^c, Z_i^c, \omega_i, \omega_e) \tag{2.6}$$

其中,下标 i 代表待求各组分;上标 c 代表临界值;Z 为压缩因子;ω 为偏心因子,代表实际流体与将其作为简单流体(球形对称小分子)的偏差。

2.1.2 密　度

广义对应态法则要求待求物质与参考物质在热力学上是相似的,参考物质的物性准确度在一定程度上决定着待求物质的物性准确度,这就要求参考物质的热物性数据是可靠的,其状态方程在原理上是明确统一的。丙烷是一种简单碳氢化合物,前人对其性质进行了长期研究,获得了可靠的数据,并提出了不同的状态方程描述其 *P-V-T* 关系。丙烷 32 参数 MBWR(modified Benedict-Webb-Rubin)状态方程[3]为

$$P = \sum_{n=1}^{9} a_n(T)\rho^n + \sum_{n=10}^{15} a_n(T)\rho^{2n-17} e^{-\gamma\rho^2} \tag{2.7}$$

其中,

$$
\begin{aligned}
a_1 &= RT_0 \\
a_2 &= N_1 T_0 + N_2 T_0^{1/2} + N_3 + N_4/T_0 + N_5/T_0^2 \\
a_3 &= N_6 T_0 + N_7 + N_8/T_0 + N/_9 T_0^2 \\
a_4 &= N_{10} T_0 + N_{11} + N_{12}/T_0 \\
a_5 &= N_{13} \\
a_6 &= N_{14}/T_0 + N_{15}/T_0^2 \\
a_7 &= N_{16}/T_0 \\
a_8 &= N_{17}/T_0 + N_{18}/T_0^2 \\
a_9 &= N_{19}/T_0^2 \\
a_{10} &= N_{20}/T_0^2 + N_{21}/T_0^3 \\
a_{11} &= N_{22}/T_0^2 + N_{21}/T_0^4 \\
a_{12} &= N_{24}/T_0^2 + N_{25}/T_0^3 \\
a_{13} &= N_{26}/T_0^2 + N_{27}/T_0^4 \\
a_{14} &= N_{28}/T_0^2 + N_{29}/T_0^3 \\
a_{15} &= N_{30}/T_0^2 + N_{31}/T_0^3 + N_{32}/T_0^4
\end{aligned}
\tag{2.8}
$$

上式中各参数的取值见表 2.1。其中，$R = 0.0083145 \text{kJ}/(\text{mol} \cdot \text{K})$，$\gamma = 1/(\rho_{c0})^2 = 0.04(\text{L}^2/\text{mol}^2)$，$\rho_{c0}$ 为丙烷的临界密度。

表 2.1　MBWR 状态方程的参数取值

i	N_i	i	N_i
1	$-0.2804337729\text{e}-3$	17	$-0.10046559\text{e}-3$
2	0.1180666107	18	$0.4363693352\text{e}-1$
3	$-0.375632586\text{e}+1$	19	$-0.1249351947\text{e}-2$
4	$0.5624374521\text{e}+3$	20	$0.2644755879\text{e}+5$
5	$-0.9354759605\text{e}+5$	21	$-0.794423727\text{e}+7$
6	$-0.4557405505\text{e}-4$	22	$-0.7299920845\text{e}+3$
7	0.1530044332	23	$0.5381095003\text{e}+8$
8	$-0.1078107476\text{e}+3$	24	$0.3450217377\text{e}+1$
9	$0.2218072099\text{e}+5$	25	$0.9936666689\text{e}+3$
10	$0.6629473971\text{e}-5$	26	-0.2166699036
11	$-0.6199354447\text{e}-2$	27	$-0.1612103424\text{e}+5$
12	$0.6754207966\text{e}+1$	28	$-0.363312699\text{e}-3$
13	$0.647283757\text{e}-3$	29	$0.1108612343\text{e}+1$
14	$-0.6804325262\text{e}-1$	30	$-0.1330932838\text{e}-4$
15	$-0.9726162355\text{e}+1$	31	$-0.3157701101\text{e}-2$
16	$0.5097956459\text{e}-2$	32	0.1423083811

已知替代燃料的温度 T_m 与压力 P_m，计算参考物质丙烷对应的温度 T_0 与 P_0（下标 0 代表参考物质）：

$$T_0 = T_m/f_m \tag{2.9}$$

$$P_0 = P_m h_m/f_m \tag{2.10}$$

其中，

$$h_m = \rho_0/\rho_m \tag{2.11}$$

这里注意 h_m 是摩尔密度之比。对组分 i 而言，f_i 与 h_i[3] 分别为

$$f_i = \frac{T_i^c}{T_0^c}\left[1 + (\omega_i - \omega_0)\left(0.05203 - 0.7498\ln\frac{T_m}{T_i^c}\right)\right] \tag{2.12}$$

$$h_i = \frac{\rho_0^c}{\rho_i^c} \frac{Z_0^c}{Z_i^c} \left[1 - (\omega_i - \omega_0)\left(0.1436 - 0.2822\ln\frac{T_m}{T_i^c}\right) \right] \tag{2.13}$$

通过混合法则，可以得到 f_m 和 h_m：

$$f_{ij} = (f_i f_j)^{1/2} \tag{2.14}$$

$$h_{ij} = \frac{\left[(h_i)^{1/3} + (h_j)^{1/3}\right]^3}{8} \tag{2.15}$$

$$h_m = \sum_i \sum_j x_i x_j h_{ij} \tag{2.16}$$

$$f_m h_m = \sum_i \sum_j x_i x_j f_{ij} h_{ij} \tag{2.17}$$

代入式(2.9)和(2.10)即可得到参考物质对应的温度 T_0 与 P_0。采用前述 32 参数 MBWR 状态方程迭代求解参考物质的密度，并进一步求得替代燃料的密度。

2.1.3 黏 度

TRAPP 方法是一种用来计算纯流体与混合物的黏度和导热系数的对应态方法。在最初的形式里[3]，该方法将甲烷作为参考物质，估算低压区的黏度和导热系数。但在后来的发展中，已可使用其他物质作为参考流体，且有学者将该方法扩展到极性化合物。

根据广义对应态原理，混合物的剩余黏度可以表达为[3]

$$\eta_m - \eta_m^0 = F_{\eta m}\left[\eta^R - \eta^{R0}\right] + \Delta\eta^{\text{ENSKOG}} \tag{2.18}$$

剩余黏度即一定温度压力下的黏度与该温度下的低压黏度之差，$\eta^R - \eta^{R0}$ 为参考流体丙烷的剩余黏度。这里注意，上标 0 代表低压黏度，上标 R 与密度计算中的下标 0 作用相同，均指参考物质。$\Delta\eta^{\text{ENSKOG}}$ 是基于硬球假设理论的修正项。

采用下式在状态点 (T_0, ρ_0) 计算 $\eta^R - \eta^{R0}$：

$$\eta^R - \eta^{R0} = G_1 \exp\left[\rho_0^{0.1} G_2 + \rho_0^{0.5}(\rho_r^R - 1)G_3\right] - G_1 \tag{2.19}$$

其中，$\rho_r^R = \rho_0/\rho_c^R$，$\eta^R - \eta^{R0}$ 的单位为 $\mu\text{Pa} \cdot \text{s}(10^{-6}\,\text{Pa} \cdot \text{s})$，$\rho_0$ 的单位为 mol/L，并且有

$$
\begin{aligned}
G_1 &= \exp(E_1 + E_2/T_0) \\
G_2 &= E_3 + E_4/T_0^{1.5} \\
G_3 &= E_5 + \frac{E_6}{T_0} + \frac{E_7}{T_0^2}
\end{aligned}
\tag{2.20}
$$

其中，

$$E_1 = -14.113294896$$
$$E_2 = 968.22940153$$
$$E_3 = 13.686545032$$
$$E_4 = -12511.628378 \tag{2.21}$$
$$E_5 = 0.0168910864$$
$$E_6 = 43.527109444$$
$$E_7 = 7659.4543472$$

$$F_{\eta m} = (44.094)^{-1/2} (h_m)^{-2} \sum_i \sum_j x_i x_j (f_{ij} M_{ij})^{1/2} (h_m)^{4/3} \tag{2.22}$$

式中其他参数在密度计算中都已求得，$\sum M_{ij}$ 计算公式如下：

$$M_{ij} = \frac{2M_i M_j}{M_i + M_j} \tag{2.23}$$

$\Delta\eta^{\mathrm{ENSKOG}}$ 说明分子大小差别，由下式计算：

$$\Delta\eta^{\mathrm{ENSKOG}} = \eta_m^{\mathrm{ENSKOG}} - \eta_x^{\mathrm{ENSKOG}} \tag{2.24}$$

其中，

$$\eta_m^{\mathrm{ENSKOG}} = \sum_i \beta_i Y_i + \alpha\rho_m^2 \sum_i \sum_j x_i x_j \sigma_{ij}^6 \eta_{ij}^0 g_{ij} \tag{2.25}$$

ρ_m 为混合物密度，单位为 mol/L；σ 为硬球直径，单位为 Å；$\alpha = 9.725 \times 10^{-7}$；$\eta_m^{\mathrm{ENSKOG}}$ 和 η_{ij}^0 的单位为 μP(1P$=0.1$Pa·s)。

$$\sigma_i = 4.771 h_i^{1/3} \tag{2.26}$$

$$\sigma_{ij} = \frac{\sigma_i + \sigma_j}{2} \tag{2.27}$$

套用分子间无相互作用的硬球模型黏度公式可计算 η_{ij}^0：

$$\eta_{ij}^0 = 26.69 \frac{(M_{ij} T_m)^{1/2}}{\sigma_{ij}^2} \tag{2.28}$$

径向分布函数 g_{ij} 用下列方程进行计算：

$$g_{ij} = (1-\xi)^{-1} + \frac{3\xi}{(1-\xi)^2} \Theta_{ij} + \frac{2\xi^2}{(1-\xi)^3} \Theta_{ij}^2 \tag{2.29}$$

$$\Theta_{ij} = \frac{\sigma_i \sigma_j}{2\sigma_{ij}} \frac{\sum_k x_k \sigma_k^2}{\sum_k x_k \sigma_k^3} \tag{2.30}$$

$$\xi = (6.023 \times 10^{-4}) \frac{\pi}{6} \rho_m \sum_i x_i \sigma_i^3 \tag{2.31}$$

$$Y_i = x_i \left[1 + \frac{8\pi}{15}(6.023 \times 10^{-4})\rho_m \sum_k x_j \left(\frac{M_j}{M_i + M_j}\right)\sigma_{ij}^3 g_{ij} \right] \tag{2.32}$$

β_i 的 n 个值通过求解如下 n 个线性方程得到：

$$\sum_j \beta_{ij}\beta_j = Y_i \tag{2.33}$$

其中，

$$\beta_{ij} = 2\sum_k x_i x_j \frac{g_{ik}}{\eta_{ik}^0} \left(\frac{M_k}{M_i + M_k}\right)^2 \left[\left(1 + \frac{5M_i}{3M_k}\right)\delta_{ij} - \frac{2M_i}{3M_k}\delta_{jk} \right] \tag{2.34}$$

在上式中，δ_{ij} 是克罗内克算子函数，如果 $i = j$，则 $\delta_{ij} = 1$；如果 $i \neq j$，则 $\delta_{ij} = 0$。

η_x^{ENSKOG} 针对的是具有与混合物相同密度的假想纯流体，由下式确定：

$$\eta_x^{\text{ENSKOG}} = \beta_x Y_x + \alpha\rho_m^2\sigma_{xx}^6\eta_{xx}^0 g_{xx} \tag{2.35}$$

在计算过程中，$\Theta_{xx} = 0.5$，且

$$\sigma_x = \left(\sum_i \sum_j x_i x_j \sigma_{ij}^3 \right)^{1/3} \tag{2.36}$$

$$M_x = \left(\sum_i \sum_j x_i x_j M_{ij}^{1/2}\sigma_{ij}^4 \right)^2 \sigma_{ij}^{-8} \tag{2.37}$$

η_m^0 为混合物的低压黏度，采用 Lucas 法[4] 计算：

$$\begin{aligned}
\zeta \cdot \eta_m^0 = [0.807T_r^{0.618} - 0.357\exp(-0.449T_r) \\
+ 0.34\exp(-4.058T_r) + 0.018]F_P^0 F_Q^0
\end{aligned} \tag{2.38}$$

其中，η_m^0 的单位为 μP；T_r 为对比温度，单位为 K；F_P^0、F_Q^0 是考虑极性或量子效应时的修正因子，在这里为 1。ζ 为对比的黏度倒数，单位为 $(\mu P)^{-1}$，计算公式为

$$\zeta = 0.176\left(\frac{T_{cm}}{M_m^3 P_{cm}^4}\right)^{1/6} \tag{2.39}$$

其中，M_m 的单位为 g/mol；P_{cm} 的单位为 bar。

2.1.4　导热系数

采用 TRAPP 方法计算导热系数：

$$\lambda_m = \lambda_m^0 + F_{\lambda m}X_{\lambda m}(\lambda^R - \lambda^{R0}) \tag{2.40}$$

其中，低压导热系数采用下式进行计算：

$$\lambda^0 = (1.32C_p^0 + 3.741)\frac{\eta^0}{M} \tag{2.41}$$

其中，λ^0 的单位为 W/(m·K)；η^0 的单位为 Pa·s，由 Lucas 法[4] 计算；M 为摩尔质量，单位为 g/mol；C_p^0 为理想气体定压比热容，单位为 J/(mol·K)。不同物质理

想气体定压比热容函数为

$$C_p^0/R = a_0 + a_1 T + a_2 T^2 + a_3 T^3 + a_4 T^4 \tag{2.42}$$

不同的物质对应不同的常数 a_n。对于混合物,在计算出各组分在温度 T 下的 C_p^0 后,根据线性法则得到混合物的 C_{pm}^0:

$$C_{pm}^0 = \sum_i x_i C_{pi}^0 \tag{2.43}$$

λ^R 是丙烷在温度 T_0 和密度 ρ_0 时的实际导热系数,λ^{R0} 是在温度 T_0 下的低压导热系数。对于丙烷,有

$$\lambda^R - \lambda^{R0} = C_1 \rho_r^R + C_2 (\rho_r^R)^3 + (C_3 + C_4/T_r^R)(\rho_r^R)^4$$
$$+ (C_5 + C_6/T_r^R)(\rho_r^R)^5 \tag{2.44}$$

其中,$T_r^R = T_0/T_c^R$,$\rho_r^R = \rho_0/\rho_c^R$,$\lambda^R - \lambda^{R0}$ 的单位为 $mW/(m \cdot K)$,代回式(2.40)时需换算单位。式(2.44)中各个常数为

$$\begin{aligned}
C_1 &= 15.2583985944 \\
C_2 &= 5.29917319127 \\
C_3 &= -3.05330414748 \\
C_4 &= 0.450477583739 \\
C_5 &= 1.03144050679 \\
C_6 &= -0.185480417707
\end{aligned} \tag{2.45}$$

而

$$F_{\lambda m} = (44.094)^{1/2} (h_m)^{-2} \sum_i \sum_j x_i x_j (f_{ij}/M_{ij})^{1/2} (h_m)^{4/3} \tag{2.46}$$

$$X_{\lambda m} = \left[1 + \frac{2.1866(\omega_m - \omega^R)}{1 - 0.505(\omega_m - \omega^R)} \right]^{1/2} \tag{2.47}$$

将以上各式代入式(2.40),即可求出 λ_m,单位为 $W/(m \cdot K)$。

2.1.5 定压比热容

定容比热以偏差函数计算。偏差函数是某状态下实际气体的热力学函数与相同温度、参考压力 P^0 点的理想气体所对应的热力学函数之差。它的一般表达式为

$$\Phi_B(T,V) = B(T,V) - B^0(T,V^0) \tag{2.48}$$

其中,B 代表某状态下实际气体的某热力学函数(u, h, s, g, C_p, C_v, $\cdots$)。B^0 代表在 T、p^0、V^0 下的理想气体所对应的热力学函数。根据偏差函数的定义以及基本的热力学关系,定容比热的偏差函数为

$$\Phi_{C_v}(T,V) = T\int_{\infty}^{V}\left(\frac{\partial^2 P}{\partial T^2}\right)_V \mathrm{d}V \tag{2.49}$$

其中，$\Phi_{C_v}(T,V)$ 为 C_v 的偏差函数，单位为 J/(kg·K)；T 为绝对温度，单位为 K；P 为压力，单位为 Pa；V 为比体积，单位为 m³/kg。

想要直接得到式（2.49）中的偏微分解析式很困难，但考虑到 h_m、f_m 随温度变化极小，可视为常数，将混合物的偏微分关系转化为参考物质丙烷的偏微分关系，得到

$$\Phi_{C_v}(T_m,\rho_m) = -\frac{T_0}{M_m}\times 10^6\int_0^{\rho_0}\left(\frac{\partial^2 P_0}{\partial T_0^2}\right)_{\rho_0}\frac{1}{\rho_0^2}\mathrm{d}\rho_0 \tag{2.50}$$

其中，$\Phi_{C_v}(T_m,\rho_m)$ 的单位为 J/(kg·K)；M_m 是混合物摩尔质量，单位为 g/mol；T_0 为丙烷对应温度，单位为 K；P_0 为丙烷对应压力，单位为 MPa；ρ_0 为对应密度，单位为 mol/L。

从丙烷状态方程（2.7）的形式来看，不难得到式（2.50）中的微积分关系，在求得 $\Phi_{C_v}(T_m,\rho_m)$ 后，根据偏差函数的定义，

$$C_{vm} = C_{vm}^0 + \Phi_{C_v}(T_m,\rho_m) \tag{2.51}$$

替代燃料的 C_{vm}^0 可由 C_{pm}^0 减去 R 再除以混合物摩尔质量得到。

同样，根据热力学原理，得到 C_p 的关系式：

$$C_p(T,P) = C_v(T,V) + \frac{T}{\rho^2}\left(\frac{\partial P}{\partial T}\right)_\rho^2 \Big/ \left(\frac{\partial P}{\partial \rho}\right)_T \tag{2.52}$$

其中，$C_p(T,P)$ 和 $C_v(T,V)$ 的单位均为 J/(kg·K)；T 的单位为 K；P 的单位为 Pa；ρ 为密度，单位为 kg/m³。采取与式（2.49）同样的变换关系，得到

$$C_p(T_m,P_m) = C_v(T_m,V_m) + \frac{T_0}{\rho_0^2}\frac{1\times 10^6}{M_m}\left(\frac{\partial P_0}{\partial T_0}\right)_{\rho_0}^2 \Big/ \left(\frac{\partial P_0}{\partial \rho_0}\right)_{T_0} \tag{2.53}$$

其中，$C_p(T_m,P_m)$ 和 $C_v(T_m,V_m)$ 的单位为 J/(kg·K)；M_m 的单位为 g/mol；T_0 的单位为 K；P_0 的单位为 MPa；ρ_0 的单位为 mol/L。

2.2　航空煤油 RP-3 的热物性模型

2.2.1　替代模型选定

航空煤油 RP-3 是一种国内使用范围较广的碳氢燃料。采用质谱色谱联用仪对其进行成分分析发现，RP-3 的成分超过 300 种，其中链烷烃类化合物占

52.4%,苯类化合物占 18.5%,环烷烃类化合物占 15.5%,烯烃类化合物占 7.6%,萘类化合物占 4.4%,其余占 1.6%(以上为质量分数占比)。按族类特性整合获得 RP-3 的主要成分,如表 2.2 所示。从表 2.2 中可以看出,RP-3 的成分十分复杂,在实际使用过程中,由于生产地点、生产年份和生产批次的不同,其组分会有所变化,很难对各组分——研究。

采用替代模型[5]对碳氢燃料进行研究是一种普遍的做法,即采用少数典型碳氢化合物组成的混合物来代替真实燃料模拟其热物理特性。

表 2.2　RP-3 的主要成分

序号	英文名称	中文名称	摩尔分数/%
1	n-hexane	正己烷	0.635
2	n-octane	正辛烷	0.984
3	n-nonane	正壬烷	2.905
4	n-decane	正癸烷	6.006
5	n-undecane	正十一烷	4.152
6	n-dodecane	正十二烷	3.333
7	n-tridecane	正十三烷	2.574
8	n-tetradecane	正十四烷	1.230
9	n-pentadecane	正十五烷	0.397
10	n-hexadecane	正十六烷	0.385
11	n-heptadecane	正十七烷	1.894
12	2-methyloctane	2-甲基辛烷	1.245
13	3-methyloctane	3-甲基辛烷	1.764
14	4-methyloctane	4-甲基辛烷	1.983
15	2-methylnonane	2-甲基壬烷	0.966
16	3-methylnonane	3-甲基壬烷	1.091
17	4-methylnonane	4-甲基壬烷	1.330
18	2-methyldecane	2-甲基癸烷	1.372
19	3-methyldecane	3-甲基癸烷	1.466
20	4-methyldecane	4-甲基癸烷	1.684

续表

序号	英文名称	中文名称	摩尔分数/%
21	5-methyldecane	5-甲基癸烷	1.835
22	2-methylundecane	2-甲基十一烷	1.285
23	3-methylundecane	3-甲基十一烷	1.441
24	4-methylundecane	4-甲基十一烷	1.476
25	5-methylundecane	5-甲基十一烷	1.953
26	2-methyldodecane	2-甲基十二烷	0.609
27	3-methyldodecane	3-甲基十二烷	0.746
28	4-methyldodecane	4-甲基十二烷	1.026
29	5-methyldodecane	5-甲基十二烷	1.067
30	6-dimethyl-2-octene	2-甲基十五烷	1.691
31	4-propyl-3-heptene	6-二甲基-2-辛烯	1.971
32	2-methylpentalene	4-丙基-3-庚烯	3.352
33	1,2,3-trimethyl-benzene	1,2,3-三甲基苯	5.511
34	1,3,5-trimethyl-benzene	1,3,5-三甲基苯	4.022
35	1-ethyl-3-methyl-benzene	1-乙基-3-甲基苯	9.607
36	2-ethenyl-1,3-dimethyl-benzene	2-乙烯基-1,3-二甲基苯	3.332
37	cyclododecane	环十二烷	1.028
38	1-hexylcyclopentane	1-己基环戊烷	3.973
39	1-butyl-2-ethyl-cyclopentane	1-丁基-2-乙基环己烷	1.163
40	1,1,3-trimethyl-cyclohexane	1,1,3-三甲基环己烷	2.432
41	1-butylcyclohexane	1-丁基环己烷	4.447
42	1-heptylcyclohexane	1-庚基环己烷	0.449
43	1-ethyl-4-methylcyclohexane	1-乙基-4-甲基环己烷	2.156
44	1-methyl-naphthalene	1-甲基萘	2.547
45	2-methyl-naphthalene	2-甲基萘	2.017
46	other	其他	1.468

　　国内外学者对替代燃料进行了大量研究,Schulz[6] 提出了航空煤油 JP-8 的 12 组分替代燃料;Violi 等[7] 针对 JP-8 提出 6 组分的替代燃料;Dagaut[8] 提出了法国 TRO 航空煤油的 3 组分替代燃料;范学军等针对国产航空煤油 RP-3 提出过两种替代燃料,分别为 3 组分替代燃料[9] 和 10 组分替代燃料,采用对应态法则计算了替代燃料的热物性如密度、黏度、导热系数和定压比热容,并以 Supertrapp 软件[10] 的计算结果作为对比数据,认为提出的 3 组分替代模型和 10 组分替代燃料均能够较好地预测真实燃料的物性变化,其中 10 组分替代模型在预测定压比热容方面更准确;孟华等[11] 采用 RP-3 的 4 组分替代模型对 RP-3 的热物性进行模拟。

　　作者团队选取了国内外学者提出的典型 RP-3 多组分替代模型进行对比研究,替代模型和真实燃料如表 2.3 所示。

表 2.3　替代模型和真实燃料

模型	种类及含量	平均相对分子量
RP-3 真实燃料	如表 2.2 所示	145.5
3 组分模型[8]	49%正十烷,44%1,3,5-三甲基环己烷,7%正丙基苯	133.6797
4 组分模型[12]	19.1%正十烷,36.5%正十二烷,14.5%甲基环己烷,29.9%正丁基苯	143.7191
10 组分模型[13]	6%正辛烷,10%正十烷,20%正十二烷,8%正十三烷,10%正十四烷,10%正十六烷,20%甲基环己烷,8%反 1,3-二甲基环戊烷,5%丙基苯,3% 1-甲基萘	150.1513

2.2.2　替代模型对比

　　图 2.1 给出了计算得到的 3 组分模型(three components model,THC)、4 组分模型(four components model,FC)和 10 组分模型(ten components model,TEC)在不同压力条件下密度随着温度的变化情况,同时也给出了相应的实验测量结果(Exp)。

　　从图 2.1 中可以看出,不同替代模型均能预测不同压力条件下 RP-3 的密度随温度变化的大致趋势。不同模型在低温区下对密度的预测表现得很好而且很一致,主要差别体现在对拟临界温度的预测上,密度陡然下降的位置被认为是拟临界点。在 3MPa 下,FC 模型对拟临界温度预测较准,THC 模型和 TEC 模型的计算值与实验值偏差较大,分别过早和过晚预测了拟临界温度;对比各个压力下的曲线,FC 模型在预测密度上表现最优。

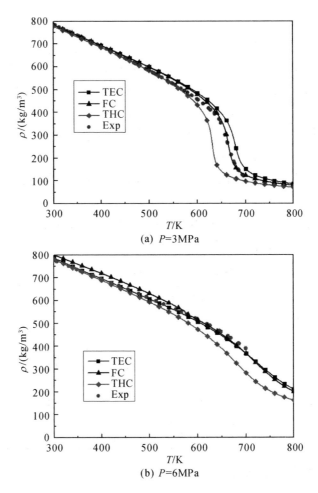

(a) P=3MPa

(b) P=6MPa

图 2.1　不同模型计算的密度随温度的变化

　　表 2.3 显示,不同替代模型的平均相对分子量有所区别,其中 FC 模型的平均相对分子量在 143 左右,THC 模型的平均相对分子量在 133 左右,TEC 模型的平均相对分子量在 150 左右,而 RP-3 的平均相对分子量约为 145.5,FC 模型与 RP-3 的平均相对分子量最接近,THC 和 TEC 模型的平均相对分子量与 RP-3 的平均相对分子量有一定差距。结合不同替代模型对拟临界点预测准确度,可以认为,平均相对分子量与替代模型对密度的预测准确度具有一定关联。

　　图 2.2 给出了不同模型在不同压力条件下黏度随温度的变化情况。无论压力多大,不同替代模型对低温区黏度的预测不如拟临界区的预测精度高;随着压力增大,不同替代模型对拟临界区的预测准确度逐渐提高,但对低温区的预测变

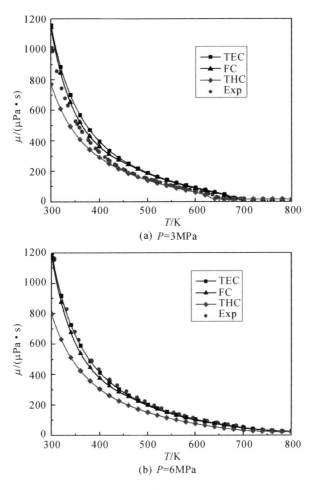

图 2.2 不同模型计算的黏度随温度的变化

化不大。

THC、FC 和 TEC 模型对黏度的预测大小与其平均相对分子量的大小顺序基本一致,在拟临界温度以下的区域,THC 和 TEC 模型的黏度计算结果和实验结果差别较大,而 FC 模型的黏度计算结果与实验结果差异较小。

图 2.3 给出了不同模型在不同压力条件下导热系数随温度的变化情况。不同替代模型在表现导热系数和温度的变化关系时得到相似的结果:在拟临界温度之前,导热系数迅速下降;当温度达到拟临界温度时,导热系数达到最小值;当温度超过拟临界温度之后,导热系数开始回升。相对于 THC 和 TEC 模型,FC 模型对实验数据的预测精度最高。

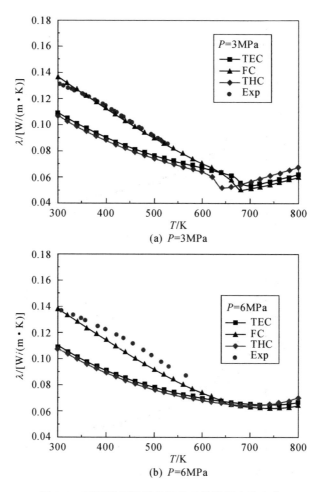

图 2.3　不同模型计算的导热系数随温度的变化

图 2.4 给出了不同模型在不同压力条件下定压比热容随温度的变化情况。不同替代模型的计算结果均能预测出 RP-3 的比热容随温度变化的特殊规律;不同替代模型的预测能力随压力变化而各有变化,各类替代模型均在一定程度上低估了定压比热容的大小。

在 3MPa 条件下,不同替代模型的比热容计算曲线的差异随温度升高而增大,当温度升高至拟临界温度附近时,这种差异最明显;THC 模型过早预测了拟临界点位置,随着替代模型平均相对分子量的增加,替代模型对拟临界温度的预测提前度(即替代模型与实验曲线峰值对应的温度之差)逐渐减小,各类替代模型中 FC 模型对拟临界点位置的把握最准确;随着替代模型平均相对分子量的

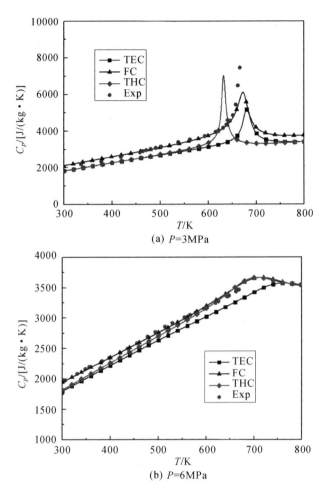

(a) P=3MPa

(b) P=6MPa

图 2.4　不同模型计算的定压比热容随温度的变化

增加,在拟临界点时 THC、FC、TEC 模型比热容值逐渐减小,没有替代模型能对拟临界温度位置和拟临界温度下比热容大小的预测均做到最优。压力升至6MPa 时,整个温度范围内替代模型对比热容的预测准确度大大提高。

一般认为,4 组分模型在热物性参数的预测上相比于 3 组分模型和 10 组分模型表现较好。表 2.4 给出了不同压力条件下采用 4 组分模型计算得到的四种热物性参数的相对误差。在误差分析中,相对误差指绝对误差与实验值之比,均方根(root-mean-square,RMS)指所有温度点处的相对误差的均方根值。

采用 4 组分模型得到的密度、黏度、导热系数和定压比热容的相对误差的平均 RMS 分别为 0.03、0.11、0.04 和 0.04。受限于测量方法,在高温下裂解反应轻微发生，使一个大分子裂解成许多小分子，并伴随化学反应吸热，导致在高温区的测量结果中密度偏小、黏度偏小和比热容偏大，这在一定程度上解释了物性误差来源。计算得到的 4 组分模型的临界温度为 643.5K,临界压力为 2.43MPa;实验测得的临界温度为 645.04K,临界压力为 2.33MPa[14]。

表 2.4 不同压力下的 4 组分替代模型的相对误差

物性参数	3MPa		6MPa		平均 RMS
	RMS	最大值	RMS	最大值	
密度	0.031	0.084	0.03	0.054	0.03
黏度	0.109	0.18	0.11	0.15	0.11
导热系数	0.02	0.07	0.06	0.09	0.04
定压比热容	0.06	0.10	0.01	0.03	0.04

2.3　正癸烷的热物性模型

2.3.1　正癸烷基本信息

正癸烷($n\text{-decane}$,$C_{10}H_{22}$)为直链烷烃($CH_3(CH_2)_8CH_3$),外观为无色透明液体,在标准大气压下的闪点、熔点和沸点分别为 53℃、−29.7℃和 174.1℃,不溶于水,可溶于乙醇(C_2H_6O)、乙醚($C_4H_{10}O$)等有机溶剂,为第三类易燃液体。

2.3.2　正癸烷物性模型

基于上述物性计算方法得到的正癸烷在不同压力下的各物性参数值随温度的变化规律如图 2.5 所示,其中还给出了美国国家标准技术协会(National Institute of Standards and Technology, NIST)的标准数据库 SUPERTRAPP 软件的结果作为对比验证。研究的工况范围如下:压力从 2MPa 至 8MPa 变化,温度从 300K 至 700K 变化。

计算得到的结果与 SUPERTRAPP 的结果吻合度很高,可以认为,正癸烷物性模型与 SUPERTRAPP 方法相当,具有非常高的准确性。

当压力为 2MPa(低于临界压力 2.11MPa)时,随着温度的升高,密度连续降低,在温度为 620K 左右时,密度变化呈现不连续式陡降,并紧接着一个缓降过

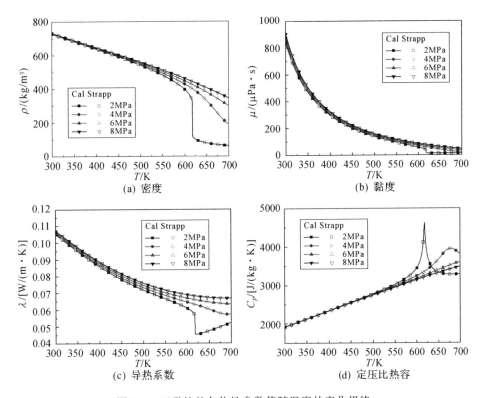

图 2.5 正癸烷的各物性参数值随温度的变化规律

程,这是在亚临界压力下正癸烷在温度升高过程由液体到气体的不连续相变导致的;当压力升高至 4MPa 时,不连续陡降的变化规律消失,但在温度 625K 附近,密度的连续下降趋势突然加剧,反映出在超临界压力下拟临界温度附近物性值的剧烈变化;随着压力进一步上升,密度的这种剧烈变化程度逐渐减弱。类似的变化规律也出现在黏度和导热系数中。

定压比热容在拟临界温度时出现峰值,而不是下降,这是与密度、黏度和导热系数的变化规律的不同之处。在亚临界压力下,在温度 620K 附近,定压比热容呈尖点变化,而在超临界压力下,定压比热容的峰值呈现圆弧形。这是由于亚临界压力下,相变区的气液两相区的转化是一个突变过程。在液相区,分子间距较小,随着温度的升高,其分子间距变大,导致其内位能增大,转动动能和振动动能也增大。因此当吸收一定热量时,随着温度升高,分子的平均平动动能增大的幅度减小,进而导致温升降低和定压比热容增大。随着温度进一步升高,定压比热容的增大速度加快,直到进入两相区,此时气相分子的分子间距非常大以至于内位能很小,此时吸收的热量绝大多数用于提高分子的动能,因此作用机制的显著不同导致定压比热容的变化规律出现尖点;在超临界压力下不存在相变区,其定压比热容的圆弧形变化规律反映出液相与超临界相的连续变化特性。

参考文献

[1] Leland T W, Chappelear P S. The Corresponding States Principle—a Review of Current Theory and Practice[J]. Industrial and Engineering Chemistry, 1968, 60(7): 15-43.

[2] Poling B E, Prausnitz J M, O'Connell J P, et al. The Properties of Gases and Liquids[M]. New York: McGraw-Hill, 2001.

[3] Younglove B A, Ely J F. Thermophysical Properties of Fluids. II. Methane, Ethane, Propane, Isobutane, and Normal Butane[J]. Journal of Physical and Chemical Reference Data, 1987, 16(4): 577-798.

[4] Lucas K. Phase Equilibria and Fluid Properties in the Chemical Industry [M]. Frankfurt: Dechema, 1980.

[5] Edwards T, Maurice L Q. Surrogate Mixtures to Represent Complex Aviation and Rocket Fuels[J]. Journal of Propulsion and Power, 2001, 17:461-466.

[6] Schulz W D. Oxidation Products of a Surrogate JP-8 Fuel[J]. Preprints-American Chemical Society. Division of Petroleum Chemistry, 1992, 37(2): 383-392.

[7] Violi A, Yan S, Eddings E G, et al. Experimental Formulation and Kinetic Model for JP-8 Surrogate Mixtures[J]. Combustion Science and Technology, 2002, 174(11-12): 399-417.

[8] Dagaut P. On the Kinetics of Hydrocarbons Oxidation from Natural Gas to Kerosene and Diesel Fuel[J]. Physical Chemistry Chemical Physics, 2002, 4(11): 2079-2094.

[9] 范学军, 俞刚. 大庆 RP-3 航空煤油热物性分析[J]. 推进技术, 2006, 27(2): 187-192.

[10] Thermophysical Properties of Hydrocarbon Mixtures Database (SUPERTRAPP) [Z]. National Institute of Standards and Technology. Version 3.1: 2003.

[11] 孟华, 徐可可, 阮波. 航空煤油简化物性计算模型研究报告[R]. 浙江大学航空航天学院, 2012, 8.

[12] Dagaut P, Cathonnet M. The Ignition, Oxidation, and Combustion of Kerosene: A Review of Experimental and Kinetic Modeling[J]. Progress in Energy and Combustion Science, 2006, 32(1): 48-92.

[13] Zhong F Q, Fan X J, Yu G, et al. Heat Transfer of Aviation Kerosene at Supercritical Conditions[J]. Journal of Thermophysics and Heat Transfer, 2009, 23(3):543-550.

[14] Deng H W, Zhang C B, Xu G Q, et al. Visualization Experiments of a Specific Fuel Flow through Quartz-Glass Tubes under Both Sub- and Supercritical Conditions [J]. Chinese Journal of Aeronautics, 2012, 25: 372-380.

第3章 超临界碳氢燃料湍流模型

湍流模型是超临界压力下湍流流动换热数值模拟的关键。本章介绍超临界碳氢燃料数值模拟采用的湍流模型,以及不同湍流模型对超临界碳氢燃料数值模拟的影响;结合湍流模型对比的结论,基于超临界条件的特殊热物性,对两种典型湍流模型进行超临界修正,对修正过程进行阐述并验证修正模型。

3.1 超临界数值模拟的湍流模型

3.1.1 湍流模型方程

目前尚无专门开发用于模拟超临界流动换热的湍流模型。大多数国内外学者利用各种已有的湍流模型对超临界压力下湍流流动和换热过程进行数值模拟,发现没有湍流模型能够定量准确地预测各种工况下的超临界流动换热。之前的研究表明,低雷诺数(LRN)k-ε 湍流模型能较好地应对局部条件变化较大的情况,另外发现,一些较新的模型在预测超临界传热上比 LRN 模型表现更好。一般认为,五种 LRN 模型、一种 k-ω 模型和一种四方程模型是潜在的适用于超临界数值模拟的湍流模型。五种 LRN 模型包括 Abid (AB)模型[1],Abe、Kondoh 和 Nagano (AKN)模型[2],Lam 和 Bremhorst (LB)模型[3],Launder 和 Sharma (LS)模型[4],以及 Yang 和 Shih (YS)模型[5];一种 k-ω 模型为 Menter[6] 提出的剪切应力输运(shear stress transport,SST)模型;四方程模型为 Behnia 等[7]开发的 k-ε-v^2-f(V2F)模型。

这些湍流模型的关键区别在于:①壁面导致的湍流的阻尼效应;②湍动能和湍流耗散率输运方程的添加项的构建;③湍动能和湍流耗散率输运方程的壁面

边界条件的定义。

k-ε 湍流模型的本构方程和输运方程的一般形式如下。

本构方程：

$$\mu_t = \rho C_\mu f_\mu \frac{k^2}{\varepsilon} \tag{3.1}$$

其中，C_μ 为常数，f_μ 为阻尼函数，ε 为湍动能耗散率。

湍动能方程：

$$\frac{\partial}{\partial x_i}(\rho u_i k) = \frac{\partial}{\partial x_i}\left[\left(\mu + \frac{\mu_t}{\sigma_k}\right)\frac{\partial k}{\partial x_i}\right] + P_k + G_k - \rho\varepsilon - S_k \tag{3.2}$$

其中，σ_k 为湍动能普朗特数，P_k 和 G_k 分别为剪应力和浮升力导致的湍动能产生项，S_k 为湍动能方程的源项。

湍动能耗散率方程：

$$\frac{\partial}{\partial x_i}(\rho u_i \varepsilon) = \frac{\partial}{\partial x_i}\left[\left(\mu + \frac{\mu_t}{\sigma_\varepsilon}\right)\frac{\partial \varepsilon}{\partial x_i}\right] + C_{\varepsilon 1} f_1 \frac{\varepsilon}{k}(P_k + G_k)$$
$$- C_{\varepsilon 2} f_2 \rho \frac{\varepsilon^2}{k} + S_\varepsilon \tag{3.3}$$

其中，σ_ε 为湍动能耗散率普朗特数，$C_{\varepsilon 1}$、$C_{\varepsilon 2}$ 为常数，f_1、f_2 为函数，S_ε 为湍动能耗散率方程的源项。

P_k 由下式计算：

$$P_k = -\overline{\rho u_i' u_j'}\frac{\partial u_i}{\partial x_j} \tag{3.4}$$

浮升力效应对流动换热的影响可分为两种类型：间接（外部）效应和直接（结构）效应[8]。间接效应反映了平均流动流场对湍流的修正，体现在动量方程中的体积力项。湍动能方程的浮升力诱导产生项被认为是浮升力对流动换热的直接效应。简单梯度扩散假设（SGDH）[9]用于模化浮升力的直接效应：

$$G_k = g_i \overline{\rho' u_i'} = \beta g_i \frac{\mu_t}{\mathrm{Pr}_t}\frac{\partial T}{\partial x_i} \tag{3.5}$$

SST 模型具有和 k-ε 模型类似的形式，如下所示。

湍动能方程：

$$\frac{\partial}{\partial x_i}(\rho k u_i) = \frac{\partial}{\partial x_j}\left(\Gamma_k \frac{\partial k}{\partial x_j}\right) + \widetilde{G}_k - Y_k + S_k \tag{3.6}$$

特定耗散率（定义为湍流耗散率和湍动能的比例）：

$$\frac{\partial}{\partial x_i}(\rho \omega u_i) = \frac{\partial}{\partial x_j}\left(\Gamma_\omega \frac{\partial \omega}{\partial x_j}\right) + G_\omega - Y_\omega + D_\omega + S_\omega \tag{3.7}$$

其中,关于常数和经验系数的详细描述见参考文献[6]。

V2F 模型有两个额外的关于 $\overline{v^2}$ 和 f 的方程,如下所示。

湍流速度尺度($\overline{v^2}$):

$$\frac{\partial}{\partial x_i}(\rho u_i \overline{v^2}) = \frac{\partial}{\partial x_i}\left[\left(\mu+\frac{\mu_t}{\sigma_k}\right)\frac{\partial \overline{v^2}}{\partial x_i}\right]+kf-6\overline{v^2}\frac{\varepsilon}{k} \qquad (3.8)$$

产生项(f):

$$0=\frac{\partial}{\partial x_i}\left(\frac{\partial f}{\partial x_i}\right)-\frac{f}{L^2}+\frac{(C_1-1)}{L^2}\frac{(2/3-\overline{v^2}/k)}{T}+\frac{C_2}{L^2}\frac{1}{\rho k}(P_k+G_k)$$

$$+\frac{1}{L^2}\frac{5\,\overline{v^2}/k}{T} \qquad (3.9)$$

其中,区别于式(3.1),湍流黏度 μ_t 有另外的定义:

$$\mu_t = \rho C_\mu \overline{v^2} T \qquad (3.10)$$

其中,

$$T=\max\left[\frac{k}{\varepsilon},6\sqrt{\frac{\nu}{\varepsilon}}\right] \qquad (3.11)$$

在 V2F 模型中,各个常数的定义如下所示:

$$L=C_L\max\left[\frac{k^{3/2}}{\varepsilon},C_\eta\left(\frac{\nu^3}{\varepsilon}\right)^{1/4}\right] \qquad (3.12)$$

$$C_1=1.4,\,C_2=0.3,\,C_\eta=70,\,C_L=0.23$$

湍流模型中常数、函数以及添加项和壁面边界条件如表 3.1、表 3.2 以及表 3.3 所示。

表 3.1　湍流模型中常数汇总

模型	C_μ	$C_{\varepsilon1}$	$C_{\varepsilon2}$	σ_k	σ_ε
AB	0.09	1.45	1.83	1.0	1.4
AKN	0.09	1.50	1.90	1.4	1.4
LB	0.09	1.44	1.92	1.0	1.3
LS	0.09	1.44	1.92	1.0	1.3
YS	0.09	1.44	1.92	1.0	1.3
SST	0.09	1.55	1.83	2.0	2.0
V2F	0.22	1.4	1.90	1.0	1.3

表 3.2　湍流模型中函数汇总

模型	f_1	f_2	f_μ
AB	1.0	$\left[1-\dfrac{2}{9}\exp\left(-\dfrac{\mathrm{Re}_t^2}{36}\right)\right]^2 \times \left[1-\exp\left(\dfrac{\mathrm{Re}_y}{12}\right)\right]$	$\tanh(0.008\mathrm{Re}_y)(1+4\mathrm{Re}_t^{-3/4})$
AKN	1.0	$\left\{1-0.3\exp\left[-\left(\dfrac{\mathrm{Re}_t}{6.5}\right)^2\right]\right\} \times \left[1-\exp\left(-\dfrac{y^*}{5}\right)\right]^2$	$\left\{1+\dfrac{5}{\mathrm{Re}_t^{0.75}}\exp\left[-\left(\dfrac{\mathrm{Re}_t}{200}\right)^2\right]\right\} \times \left[1-\exp\left(-\dfrac{y^*}{14}\right)\right]^2$
LB	$1+(0.05/f_\mu)^3$	$1-e^{-\mathrm{Re}_t^2}$	$(1-e^{-0.0165\mathrm{Re}_y})^2(1+20.5/\mathrm{Re}_t)$
LS	1.0	$1-0.3\exp(-\mathrm{Re}_t^2)$	$\exp\left[\dfrac{-3.4}{(1+\mathrm{Re}_t/50)^2}\right]$
YS	$\dfrac{\sqrt{\mathrm{Re}_t}}{1+\sqrt{\mathrm{Re}_t}}$	$\dfrac{\sqrt{\mathrm{Re}_t}}{1+\sqrt{\mathrm{Re}_t}}$	$(1+1/\sqrt{\mathrm{Re}_t})\left[1-\exp\begin{pmatrix}-1.5\times10^{-4}\mathrm{Re}_y\\-5.0\times10^{-7}\mathrm{Re}_y^3\\-1.0\times10^{-10}\mathrm{Re}_y^5\end{pmatrix}\right]^{0.5}$
SST	1.0	1.0	1.0
V2F	$1+0.045\sqrt{\dfrac{k}{\overline{v^2}}}$	1.0	$\dfrac{\overline{v^2}}{k}$

表 3.3　湍流模型中添加项和壁面边界条件汇总

模型	S_k	S_ε	壁面边界条件
AB	0.0	0.0	$k_w=0,\varepsilon_w=\dfrac{\mu}{\rho}\left(\dfrac{\partial^2 k}{\partial y^2}\right)$
AKN	0.0	0.0	$k_w=0,\varepsilon_w=2\dfrac{\mu}{\rho}\dfrac{k}{y^2}$
LB	0.0	0.0	$k_w=0,\varepsilon_w=\dfrac{\mu}{\rho}\left(\dfrac{\partial^2 k}{\partial y^2}\right)$
LS	$2\nu\left(\dfrac{\partial\sqrt{k}}{\partial y}\right)^2$	$2\eta\nu_t\left(\dfrac{\partial^2 V}{\partial x^2}\right)^2$	$\left(\dfrac{\partial k}{\partial y}\right)_w=0,\varepsilon_w=0$
YS	0.0	$2\nu\nu_t\left[\left(\dfrac{\partial^2 V}{\partial x^2}\right)^2+\left(\dfrac{\partial^2 U}{\partial y^2}\right)^2\right]$	$k_w=0,\varepsilon_w=2\dfrac{\mu}{\rho}\left(\dfrac{\partial\sqrt{k}}{\partial y}\right)^2$
SST	0.0	$\begin{aligned}&-2\left(\dfrac{\mu}{\rho}+\dfrac{\mu_t}{2\rho}\right)\left(\dfrac{\partial k}{\partial y}+\dfrac{\partial k}{\partial x}\right)\\&\left[\dfrac{\partial}{\partial y}\left(\dfrac{\varepsilon}{k}\right)+\dfrac{\partial}{\partial x}\left(\dfrac{\varepsilon}{k}\right)\right]\end{aligned}$	$k_w=0,\varepsilon_w=\dfrac{\mu}{\rho}\dfrac{\partial^2 k}{\partial y^2}$
V2F	0.0	0.0	$k_w=0,\varepsilon_w=\dfrac{\mu}{\rho}\dfrac{\partial^2 k}{\partial y^2}$

3.1.2　湍流模型的对比研究

采用不同湍流模型对超临界压力碳氢燃料在直圆管中流动换热进行数值模拟,对比考察湍流模型对超临界流动模拟的适用性,发现相对于其他模型,SST模型和 LS 模型在预测超临界碳氢燃料的流动换热上具有较高的准确度。

采用不同湍流模型计算得到的内壁温随着轴向相对距离 x/d 的变化曲线以及对应工况下实验测量的内壁温如图 3.1 至图 3.4 所示,工况 1 至工况 4 中热流密度逐渐增大。

图 3.1 中,SST 模型预测出了最符合实验数据的壁温变化趋势。图 3.2 中,除了初始加热段的换热恶化外,所有模型都显示了和实验曲线类似的有序排布,仅有 LS 模型预测出比测量值较低的壁温。图 3.3 中,对于测量的壁温,发生换热恶化的初始加热段消失,同时在壁温达到拟临界点时,壁温的变化梯度开始减小,没有湍流模型能够定性地预测这样的现象。图 3.4 中,当进口温度增加时,壁温过度预测的程度增大,其中 LS 模型预测出最符合实验结果的壁温。AB、AKN、YS 和 V2F 模型预测的换热恶化以不同程度发生在不同位置,这可能是浮升力效应和热加速效应以及拟临界温度附近变物性效应导致的。

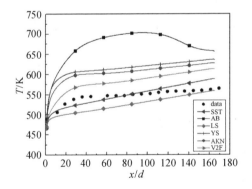

图 3.1　工况 1 下壁温沿着管长的分布情况

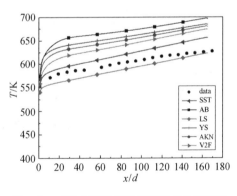

图 3.2　工况 2 下壁温沿着管长的分布情况

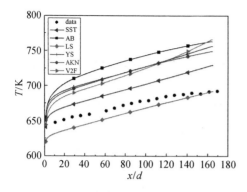 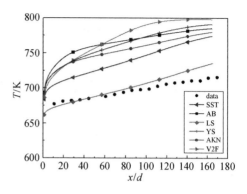

图 3.3 工况 3 下壁温沿着管长的分布情况   图 3.4 工况 4 下壁温沿着管长的分布情况

3.2 基于经验系数修正的工程化超临界湍流模型

标准 k-ε 模型自 20 世纪 70 年代问世以后,在工程领域得到广泛应用,能够较准确地模拟复杂湍流,但不能反映雷诺应力历史效应和各向异性。由于标准 k-ε 湍流模型的经验系数是根据某些特定试验情况得到的,对其他工况的模拟并不一定会有同样准确的效果。标准 k-ε 湍流模型在计算超临界碳氢燃料在圆管中流动换热特性时具有相对准确性,且在鲁棒性和适应性方面具有一定的优势,因此选择标准 k-ε 湍流模型作为修正湍流模型的基准,基于标准 k-ε 湍流模型中耗散率方程各项的物理意义,同时结合已有实验数据,通过修改经验系数的方法提出一种适用于超临界碳氢燃料流动换热的修正 k-ε 湍流模型。

3.2.1 基于标准 k-ε 湍流模型对超临界流动换热的计算

在 k-ε 模型的方程组中引入了三个系数及三个常数,一般如表 3.4 所示。

表 3.4 标准 k-ε 模型经验系数

C_u	$C_{\varepsilon 1}$	$C_{\varepsilon 2}$	σ_k	σ_ε	σ_T
0.09	1.44	1.92	1.0	1.3	0.9~1.0

采用航空煤油 RP-3 在水平细圆管内开展超临界流动换热数值计算,计算云图如图 3.5 所示。加热段总压降随着进口质量流量的增大而增大,提高加热热流将使总压降增大,进口温度升高将使总压降增大。当进口温度大于 300℃,壁面热流密度大于 300kW/m² 时,加热段总压降会有一个明显的上升趋势。

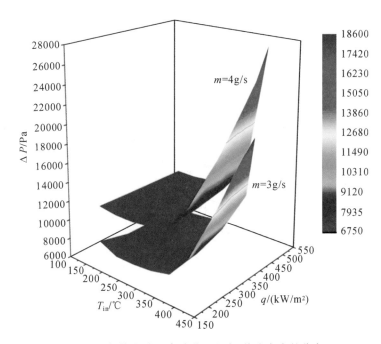

图 3.5　加热段总压降随进口温度、热流密度的分布

标准 $k\text{-}\varepsilon$ 湍流模型的计算结果与实验结果[10]进行对比，如图 3.6 所示。其中横坐标为总压降的实验数据，纵坐标为总压降的计算数据。结果显示，只有 30% 的数据分布在 ±15% 的误差带内，80% 的工况表现为对加热段总压降的估计不足。

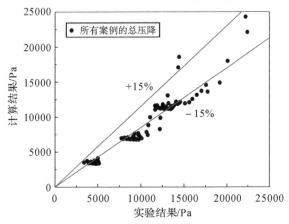

图 3.6　加热段总压降的实验与计算结果对比

管内平均对流换热系数的计算结果曲线如图 3.7 所示。平均对流换热系数

随着进口质量流量增大而增大,随着进口温度升高而增大。

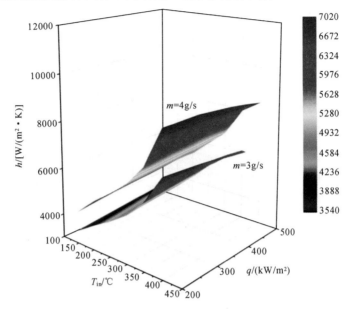

图 3.7　对流换热系数随进口温度和热流密度的分布

对流换热系数计算结果与实验结果[10]对比如图 3.8 所示。其中横坐标为对流换热系数的实验数据,纵坐标为计算数据。结果显示,60％的数据分布在±10％的误差带外。

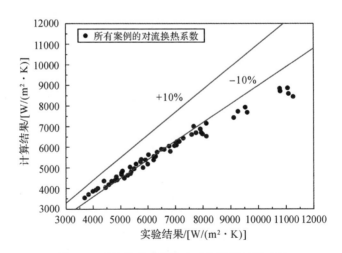

图 3.8　对流换热系数的实验与计算结果对比

3.2.2　对标准 *k-ε* 湍流模型经验系数的修正

在标准 *k-ε* 湍流模型的耗散率方程(3.3)中，$C_{\varepsilon 1} f_1 \dfrac{\varepsilon}{k}(P_k + G_k)$ 为耗散率方程的产生项，$C_{\varepsilon 2} f_2 \rho \dfrac{\varepsilon^2}{k}$ 为耗散率方程的消失项。$C_{\varepsilon 1}$ 增大会使整个湍流流动的耗散增加，$C_{\varepsilon 2}$ 减小会使湍流流动的耗散增加。常规 *k-ε* 湍流模型在进行超临界流动的数值模拟时对总压损失的估计不足，因此使经验系数 $C_{\varepsilon 1}$ 减小，$C_{\varepsilon 2}$ 增大。

关于相关经验系数改变的具体大小需参照各个工况的实验数据进行修正。在标准 *k-ε* 湍流模型耗散率方程中两个经验系数 $C_{\varepsilon 1}$ 和 $C_{\varepsilon 2}$ 物理意义的基础上，参照实验数据对其进行修正，得到的修正值如图 3.9 所示。其中横坐标为 q/G 的范围，纵坐标为经验系数的修正值。将修正过程分为三个范围[(a)Re>10000；(b)Re≤10000 且 q/G≤0.4kJ/kg；(c)Re≤10000 且 q/G>0.4kJ/kg]，每个曲线图再根据不同的进口温度分为多种情况。

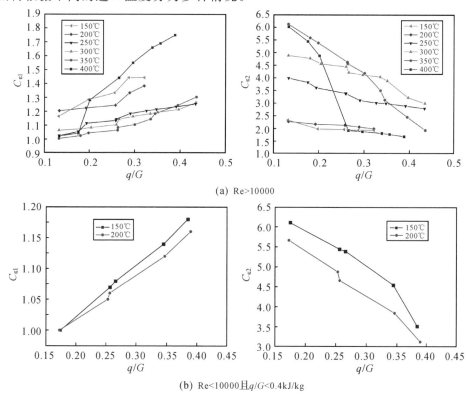

(a) Re>10000

(b) Re<10000且q/G<0.4kJ/kg

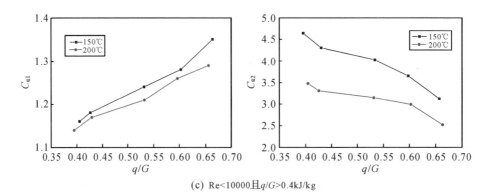

(c) Re<10000且q/G>0.4kJ/kg

图 3.9   不同范围内经验系数的修正值

提出修正经验系数的拟合关系式形式如下：

$$C_{\varepsilon 1} = a_1 (q/G)^{b_1} T_{in}^{c_1} Re^{d_1} \tag{3.13}$$

$$C_{\varepsilon 2} = a_2 (q/G)^{b_2} T_{in}^{c_2} Re^{d_2} \tag{3.14}$$

其中，a_1、a_2、b_1、b_2、c_1、c_2、d_1、d_2 均为系数，如表 3.5 和表 3.6 所示。

表 3.5   经验系数 $C_{\varepsilon 1}$ 拟合式的系数值

条件	a_1	b_1	c_1	d_1
Re>10000	5.647	0.174	−0.433	0.107
Re<10000 且 q/G<0.4kJ/kg	1.681	0.196	−0.053	0.010
Re<10000 且 q/G>0.4kJ/kg	2.075	0.272	−0.104	0.022

表 3.6   经验系数 $C_{\varepsilon 2}$ 拟合式的系数值

条件	a_2	b_2	c_2	d_2
Re>10000	0.004	−0.314	1.410	−0.151
Re<10000 且 q/G<0.4kJ/kg	28.749	−0.609	−0.235	−0.155
Re<10000 且 q/G>0.4kJ/kg	0.034	−0.639	0.970	−0.092

3.2.3 修正的标准 *k-ε* 湍流模型验证

使用经过修正后的标准 *k-ε* 湍流模型对圆管中的超临界碳氢燃料进行计算,能够得到显著改善的结果。用修正后的湍流模型计算的加热段总压降与实验结果[10]进行对比(见图 3.10),其中横坐标为总压降的实验数据,纵坐标为计算数据。结果显示,超过80%的工况计算结果分布在±15%的误差带内。

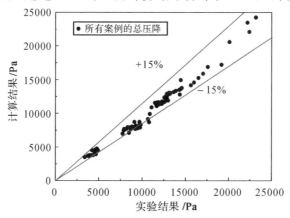

图 3.10 基于修正湍流模型加热段总压降的实验与计算结果对比

平均对流换热系数计算结果与实验数据进行对比(见图 3.11),其中横坐标为对流换热系数的实验数据,纵坐标为计算数据。结果显示,所有工况计算结果误差均在10%以内。

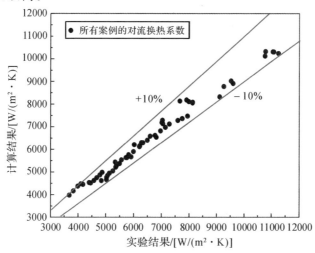

图 3.11 基于修正湍流模型的对流换热系数的实验与计算结果对比

3.3 考虑超临界热物性脉动的低雷诺数修正湍流模型

3.3.1 低雷诺数湍流模型修正与模化

一般认为,湍流流动中充满不同尺度的涡,导致速度、压力和温度产生脉动变化,因此在湍流模型中对由速度脉动导致的雷诺应力进行模化。在超临界压力下,热物性与温度、压力都具有密切的耦合关系,热物性变化对换热具有重要影响。更重要的是,湍流流动中压力和温度的脉动变化导致热物性的脉动变化,可能产生与雷诺应力类似的关联项。在传统湍流模型中,未完全考虑热物性的脉动,故在对超临界压力下湍流模型的修正中考虑上述提到的因素。

考虑密度脉动修正、密度变化修正、经验系数修正等因素,提出如下修正项。

密度脉动修正项:

$$S_{m\rho} = \frac{\partial \overline{\rho' u_i'}}{\partial x_i} \tag{3.15}$$

$$S_{mu} = -\frac{\partial (\overline{u_i \rho' u_j'} + \overline{u_j \rho' u_i'})}{\partial x_j} \tag{3.16}$$

$$S_{mk} = -\overline{\rho' u_i' u_j} \frac{\partial \overline{u_i}}{\partial x_j} \tag{3.17}$$

密度变化修正项:

$$S_{\rho k} = \frac{d}{dx_i} \left(\frac{k\mu_t}{\rho \sigma_k} \frac{d\rho}{dx_i} \right) \tag{3.18}$$

$$S_{\rho\varepsilon} = \rho\varepsilon \frac{du_i}{dx_i} + \frac{3}{2} \frac{d}{dx_i} \left(\frac{\varepsilon\mu_t}{\sigma_\varepsilon \rho} \frac{d\rho}{dx_i} \right) + \frac{\mu_t}{\sigma_\varepsilon} \frac{1}{\rho} \frac{d\rho}{dx_i} \cdot \left(\frac{d\varepsilon}{dx_i} + \frac{3}{2} \frac{\varepsilon}{\rho} \frac{d\rho}{dx_i} \right) \tag{3.19}$$

经验系数修正:

$$C_{\varepsilon 2} = 1.92 \rightarrow C_{\varepsilon 2} = 1.925$$

密度脉动和速度脉动的时均关联项 $\overline{\rho' u_i'}$ 由下式计算:

$$\overline{\rho' u_i'} = c_\theta \rho \beta \frac{k}{\varepsilon} \overline{u_i' u_j'} \frac{\partial T}{\partial x_j} \tag{3.20}$$

其中,c_θ 取 0.3。

基于上述修正方法,修正模型控制方程的张量形式如下。

连续方程:

$$\nabla \cdot (\rho \boldsymbol{u}) + \langle S_{m\rho} \rangle = 0 \tag{3.21}$$

动量方程：

$$\nabla \cdot (\rho \boldsymbol{uu}) = -\nabla P + \nabla \cdot \tau + \nabla \cdot (-\rho \overline{\boldsymbol{u}'\boldsymbol{u}'}) + \rho \boldsymbol{g} + \langle S_{mu} \rangle \tag{3.22}$$

能量方程：

$$\nabla \cdot (\rho \boldsymbol{u}h) = \boldsymbol{u} \cdot \nabla P + \nabla \cdot \left(\lambda \nabla T + \frac{\mu_t}{Pr_t} \nabla h\right) + \varphi \tag{3.23}$$

湍动能方程：

$$\nabla \cdot (\rho \boldsymbol{u}k) = \nabla \cdot \left[\left(\mu + \frac{\mu_t}{\sigma_k}\right)\nabla k\right] + P_k - \rho \varepsilon - S_k + G_k + \langle S_{mk} + S_{\rho k} \rangle \tag{3.24}$$

湍动能耗散率方程：

$$\nabla \cdot (\rho \boldsymbol{u}\varepsilon) = \nabla \cdot \left[\left(\mu + \frac{\mu_t}{\sigma_\varepsilon}\right)\nabla \varepsilon\right] + C_{\varepsilon 1} f_1 \frac{\varepsilon}{k} P_k - C_{\varepsilon 2} f_2 \rho \frac{\varepsilon^2}{k}$$
$$+ S_\varepsilon + C_{\varepsilon 1} f_1 \frac{\varepsilon}{k} G_k + \langle S_{f\varepsilon} \rangle \tag{3.25}$$

其中，

$$C_{\varepsilon 1} = 1.44, \ C_{\varepsilon 2} = \langle 1.925 \rangle^*, \ C_\mu = 0.09, \ \sigma_\varepsilon = 1/1.3$$

上述修正不仅体现在湍流模型中,对连续方程和动量方程也都进行了修正。

3.3.2　修正 MLS 模型建立及应用

前述超临界修正模型能够大幅改善计算精度,但其涉及的各类输运方程较多,已超出湍流输运方程的范畴,给修正模型的拓展应用带来困难,另外较多修正项造成计算效率大幅度下降。基于密度脉动修正方法,对上述超临界修正模型进行简化,忽略密度脉动修正方法对连续方程、动量方程的修正,获得超临界湍流模型 MLS 模型,输运方程如下。

湍动能方程：

$$\nabla \cdot (\rho \boldsymbol{u}k) = \nabla \cdot \left[\left(\mu + \frac{\mu_t}{\sigma_k}\right)\nabla k\right] + P_k - \rho \varepsilon - S_k + G_k + \langle S_{mk} \rangle \tag{3.26}$$

湍动能耗散率方程：

$$\nabla \cdot (\rho \boldsymbol{u}\varepsilon) = \nabla \cdot \left[\left(\mu + \frac{\mu_t}{\sigma_\varepsilon}\right)\nabla \varepsilon\right] + C_{\varepsilon 1} f_1 \frac{\varepsilon}{k} P_k - C_{\varepsilon 2} f_2 \rho \frac{\varepsilon^2}{k}$$
$$+ S_\varepsilon + C_{\varepsilon 1} f_1 \frac{\varepsilon}{k} G_k \tag{3.27}$$

---

* 　〈·〉用于标识修正项,里面的项为相比于原始模型方程的修正项。

$$S_{mk} = -\overline{\rho' u_i' u_j} \frac{\partial \overline{u_i}}{\partial x_j}$$

其中，$\overline{\rho' u_i'} = 0.7\rho\beta \frac{k}{\varepsilon} \overline{u_i' u_j'} \frac{\partial T}{\partial x_j}$ (3.28)

$C_{\varepsilon 1} = 1.44$，$C_{\varepsilon 2} = \langle 1.925 \rangle$，$C_\mu = 0.09$，$\sigma_\varepsilon = 1/1.3$

　　基于 LS 模型，MLS 模型在湍动能方程中添加湍动能的物性生成项 S_{mk}，代表密度脉动效应对湍动能分布的改变作用。MLS 模型在换热恶化极其恶劣的工况下能够大幅改善对壁温的预测，将来需进一步研究以获得更加准确和完善的超临界修正湍流模型。

参考文献

[1] Abid R. Evaluation of Two-Equation Turbulence Models for Predicting Transitional Flows[J]. International Journal of Engineering Science, 1993, 31(6): 831-840.

[2] Abe K, Kondoh T, Nagano Y. A New Turbulence Model for Predicting Fluid Flow and Heat Transfer in Separating and Reattaching Flows—I. Flow Field Calculations[J]. International Journal of Heat and Mass Transfer, 1994, 37(1): 139-151.

[3] Lam C K G, Bremhorst K. A Modified Form of the k-ε Model for Predicting Wall Turbulence[J]. Journal of Fluids Engineering, 1981, 103(3): 456-460.

[4] Launder B E, Sharma B I. Application of the Energy-Dissipation Model of Turbulence to the Calculation of Flow near a Spinning Disc[J]. Letters in Heat and Mass Transfer, 1974, 1(2): 131-137.

[5] Yang Z, Shih T H. New Time Scale Based k-epsilon Model for Near-Wall Turbulence[J]. AIAA Journal, 1993, 31(7): 1191-1198.

[6] Menter F R. Zonal Two Equation k-Turbulence Models for Aerodynamic Flows[J]. AIAA paper, 1993, 2906: 1993.

[7] Behnia M, Parneix S, Durbin P A. Prediction of Heat Transfer in an Axisymmetric Turbulent Jet Impinging on a Flat Plate[J]. International Journal of Heat and Mass Transfer, 1998, 41(12): 1845-1855.

[8] Petukhov B S, Polyakov A F. Heat Transfer in Turbulent Mixed Convection [M]. Hemisphere Publishing Corporation, New York, 1988: 109-113.

[9] Kim W S, He S, Jackson J D. Assessment by Comparison with DNS Data of Turbulence Models Used in Simulations of Mixed Convection[J]. International Journal of Heat and Mass Transfer, 2008, 51(5):1293-1312.

[10] Kun Z, Guo Q X, Zhi T. Flow Friction Resistance Characteristics of Kerosene RP-3 in Horizontal Circular Tube at Supercritical Pressure[J]. Experimental Thermal and Fluid Science, 2013,44:245-252.

第4章 超临界碳氢燃料的裂解模型与结焦模型

超临界碳氢燃料在高温条件下会发生裂解、结焦等化学反应。本章采用裂解模型与结焦模型对高温裂解及结焦过程进行定量描述,对裂解模型方程与结焦模型方程进行介绍,并对超临界碳氢燃料壁面结焦的数值模拟方法进行阐述。

4.1 超临界碳氢燃料的裂解模型

Ward 等[1]对正癸烷在压力 3.45MPa 以及最高壁温 773K、823K 和 873K 条件下的热裂解过程进行了实验研究,基于实验结果提出了一步总包分子反应机理来描述正癸烷的裂解过程,并证明了该反应机理准确可靠。Ward 等[2]还对正癸烷在压力 3.45～11.38MPa 以及最高壁温 823K 和 873K 条件下进行热裂解传热实验研究。通过分析裂解产物分布,提出了适用于此压力范围的反应机理,并且认为相比于详细机理模型,由于总包反应模型仅考虑主要的化学反应,在模型应用中可使计算得到极大的简化。

正癸烷裂解的一步总包分子反应模型如下:

$$C_{10}H_{22} \rightarrow 0.153CH_4 + 0.222C_2H_4 + 0.138C_2H_6 + 0.200C_3H_6$$
$$+ 0.185C_3H_8 + 0.171C_4H_8 + 0.118C_4H_{10} + 0.149C_5H_{10}$$
$$+ 0.137C_5H_{12} + 0.170C_6H_{12} + 0.106C_6H_{14} + 0.147C_7H_{14}$$
$$+ 0.091C_7H_{16} + 0.132C_8H_{16} + 0.040C_8H_{18} + 0.046C_9H_{18}$$
$$+ 0.031C_9H_{20} \tag{4.1}$$

反应物的消耗速率采用下式计算:

$$\frac{\mathrm{d}c_{\text{fuel}}}{\mathrm{d}t} = -k_c c_{\text{fuel}} \tag{4.2}$$

其中,反应速率常数的计算公式采用阿伦尼乌斯(Arrhenius)定律的形式:

$$k_c = A_c \mathrm{e}^{-E_a/(RT)} \tag{4.3}$$

其中,指前因子 $A_c = 1.6 \times 10^{15}/\text{s}$,活化能 $E_a = 263.7\text{kJ/mol}$,气体常数 $R = 8.314\text{J}/(\text{mol} \cdot \text{K})$ [1-2]。

需要说明的是,在正癸烷转化率低于 25% 时,该模型具有较高的精度,而在较高的正癸烷转化率下,由于未考虑二次裂解反应,该模型的精度会降低。然而,Feng 等[3]在研究中发现,当正癸烷的转化率达到 70% 时,由该模型得到的计算结果的相对误差仍在 15% 以内。这表明,对于重点在于流动和裂解的耦合关系而并非关注化学反应机理的研究,该模型的准确程度仍然可以被接受。

Jiang 等[7]通过对 RP-3 电加热裂解实验中生成产物的浓度测量,分析了各裂解产物浓度分布、流体温度以及流体在管内的滞留时间,并提出了包含 18 组分和 24 步分子反应(一步主裂解反应及 23 步二次裂解反应)的动力学模型。该模型考虑了燃料的二次裂解,对高裂解度(高达 86%)下的裂解反应过程也可以进行准确的预测。其中主裂解反应的反应式为

$$
\begin{aligned}
\text{RP-3} \rightarrow & 0.1086\text{H}_2 + 0.4773\text{CH}_4 + 0.5586\text{C}_2\text{H}_4 + 0.39\text{C}_2\text{H}_6 \\
& + 0.41\text{C}_3\text{H}_6 + 0.2001\text{C}_3\text{H}_8 + 0.2246\text{C}_4\text{H}_8 + 0.0353\text{C}_4\text{H}_{10} \\
& + 0.031\text{C}_4\text{H}_6 + 0.7201\text{C}_{5+} + 0.27\text{CC}_{5+} + 0.0222\text{C}_n\text{H}_{2n-6}
\end{aligned} \tag{4.4}
$$

裂解反应速率同样由式(4.3)计算,指前因子 $A_c = 2.869 \times 10^{14}/\text{s}$,活化能 $E_a = 217.9\text{kJ/mol}$。表 4.1 列出了其余 23 步二次裂解反应,各反应的 Arrhenius 公式系数也在表中给出。

表 4.1　RP-3 二次裂解反应机理[4]

反应	$E_a/(\text{kJ} \cdot \text{mol}^{-1})$	A_c/s^{-1}
$\text{C}_2\text{H}_6 \leftrightarrow \text{C}_2\text{H}_4 + \text{H}_2$	272.6	4.652×10^{13}
$\text{C}_3\text{H}_6 \leftrightarrow \text{C}_2\text{H}_2 + \text{CH}_4$	273.1	7.284×10^{12}
$\text{C}_2\text{H}_2 + \text{C}_2\text{H}_4 \rightarrow \text{C}_4\text{H}_6$	172.5	$(1.026 \times 10^9)^a$
$2\text{C}_2\text{H}_6 \rightarrow \text{C}_3\text{H}_8 + \text{CH}_4$	272.8	3.75×10^{12}
$\text{C}_2\text{H}_4 + \text{C}_2\text{H}_6 \rightarrow \text{C}_3\text{H}_6 + \text{CH}_4$	252.6	$(7.083 \times 10^{10})^a$
$\text{C}_3\text{H}_8 \leftrightarrow \text{C}_3\text{H}_6 + \text{H}_2$	189.4	5.0×10^{12}

续表

反应	$E_a/(\text{kJ} \cdot \text{mol}^{-1})$	A_c/s^{-1}
$C_3H_8 \rightarrow C_2H_4 + CH_4$	211.5	4.692×10^{10}
$C_3H_8 + C_2H_4 \rightarrow C_2H_6 + C_3H_6$	246.9	$(2.536 \times 10^{10})^a$
$2C_3H_6 \rightarrow 3C_2H_4$	244.9	1.2×10^{12}
$2C_3H_6 \rightarrow 0.3C_nH_{2n-6} + 0.14C_{5+} + 3CH_4$	228.1	1.424×10^{11}
$C_3H_6 + C_2H_4 \rightarrow C_4H_8 + CH_4$	250.8	$(1.0 \times 10^{11})^a$
$n\text{-}C_4H_{10} \rightarrow C_3H_6 + CH_4$	190.3	7.8×10^{12}
$n\text{-}C_4H_{10} \rightarrow 2C_2H_4 + H_2$	295.4	7.0×10^{14}
$n\text{-}C_4H_{10} \rightarrow C_2H_4 + C_2H_6$	256.3	4.099×10^{12}
$n\text{-}C_4H_{10} \rightarrow C_4H_8 + H_2$	260.7	1.637×10^{12}
$1\text{-}C_4H_8 \rightarrow 0.41 C_nH_{2n-6} + 0.19C_{5+}$	195.2	1.075×10^{13}
$1\text{-}C_4H_8 \leftrightarrow C_4H_6 + H_2$	209.0	1.0×10^{10}
$C_4H_6 + C_2H_4 \rightarrow B + 2H_2$	231.0	$(2.774 \times 10^{13})^a$
$C_4H_6 + C_3H_6 \rightarrow T + 2H_2$	240.6	$(1.72 \times 10^{14})^a$
$C_4H_6 + 1\text{-}C_4H_8 \rightarrow EB + H_2$	193.9	$(1.0 \times 10^{11})^a$
$2C_4H_6 \rightarrow ST + 2H_2$	181.2	4.0×10^{10}
$C_{5+} \rightarrow 0.14H_2 + 0.48CH_4 + 0.39C_2H_4$ $+ 0.45C_2H_6 + 0.055C_3H_6 + 0.27C_3H_8$ $+ 0.355C_4H_8 + 0.0355C_4H_6$ $+ 0.0955C_4H_{10} + 0.1091 C_nH_{2n-6}$	189.6	1.231×10^{13}
$CC_{5+} \rightarrow 0.7488B + 0.1396T + 0.05043EB +$ $003402ST + 0.04262 C_nH_{2n-6}$	194.4	9.6935×10^{12}

a 单位：$m^3 \cdot mol^{-1} \cdot s^{-1}$。

在式(4.4)和表 4.1 的裂解产物中，C_{5+} 为含 5～11 个碳原子的烯烃和微量烷烃等液态产物混合物，可由 40% 的戊烯(C_5H_{10})和 60% 的己烷(C_6H_{14})替代；CC_{5+} 为环烯烃和微量环烷烃等液态产物混合物，可由 50% 的环己烷(C_6H_{12})和 50% 的甲基环己烷(C_7H_{14})替代；C_nH_{2n-6} 为除苯、甲苯、乙苯和苯乙烯之外的芳烃物质，可由三甲苯(C_9H_{12})替代；B、T、EB 和 ST 分别对应于苯(C_6H_6)、甲苯(C_7H_8)、乙苯(C_8H_{10})和苯乙烯(C_8H_8)[4]。

清华大学姜培学、刘波课题组[4-7]通过超临界压力下的裂解实验,研究了不同压力、温度和驻留时间条件下超临界正癸烷的流动、传热和裂解过程,对 18 种主要裂解产物进行了测量。实验结果表明,低转化率下每种裂解产物的生成速率基本遵循一定比例。当正癸烷转化率高于 13% 时,小分子产物的生成速率开始提高,大分子产物的生成速率开始下降。他们基于实验数据,发展了适用于正癸烷转化率低于 13% 时的一步总包裂解反应模型[5-6]。此外,他们还针对航空燃料 HF-Ⅱ,开展了热裂解和对流换热的实验研究,分析了压力、质量流量和热流密度的影响。研究表明,HF-Ⅱ 在温度高于 750K 时发生裂解,裂解产物组成较为复杂,包括烷烃、烯烃、芳烃和其他烃类物质。燃料转化率主要取决于温度和驻留时间。根据组分质量分数与燃料转化率的关系,可将裂解产物组分分为三类:①最小的两种烷烃,其质量分数与温度、压力、质量流量和转化率均无关;②中等分子裂解产物,其质量分数是压力、转化率和其他因素的复杂函数;③烯烃物质,其质量分数主要受燃料转化率的影响。基于实验测量结果,他们发展了一步总包裂解反应模型,该模型的预测结果与低转化率(<25%)时的实验数据吻合较好[7]。

浙江大学孟华、阮波课题组[8-9]基于 Ward 等[1-2]实验得到的 19 组分正癸烷裂解模型,发展了简化的正癸烷裂解反应机理,从而使超临界压力下的多组分流动传热计算更加高效。对正癸烷裂解反应机理进行简化的基本思想来源于大分子裂解产物(大分子烷烃、烯烃)的生成所引起的化学吸热较小,同时,这些大分子裂解产物具有相似的物性,可被相对较小的分子成分替代。基于此,他们分别简化得到了 14 组分模型、12 组分模型和 10 组分模型,并应用简化后的模型对超临界压力下的正癸烷流动换热及裂解过程进行了数值模拟。综合考虑计算精度和计算效率,他们发现简化后的 12 组分反应模型最为合适。

上述裂解反应总包分子动力学模型的建立和修正在大量的计算仿真研究中得到了广泛的应用。这些裂解反应模型是理解和分析冷却通道内所发生的复杂化学过程的基础,表 4.2 对研究者提出的各类燃料的裂解反应总包分子动力学模型进行了总结。

表 4.2　碳氢燃料裂解反应总包模型

作者及年份	燃料	模型形式
Fagley[10],1992	乙烷	3 组分一步反应模型
Ward 等[1-2],2004	正癸烷	19 组分一步反应模型

续表

作者及年份	燃料	模型形式
Jiang 等[13],2011	RP-3	18 组分 24 步反应模型
Zhu 等[6],2014	正癸烷	19 组分一步反应模型
Ruan 等[9],2014	正癸烷	14 组分一步反应模型
Ruan 等[9],2014	正癸烷	12 组分一步反应模型
Ruan 等[9],2014	正癸烷	10 组分一步反应模型
Zhou 等[11],2016	正癸烷	11 组分一步反应模型
Jiang 等[7],2019	HF-Ⅱ	15 组分一步反应模型

4.2　超临界碳氢燃料的结焦模型

4.2.1　结焦模型方程

Kumar 和 Kunzru[12]实验研究了时间、表面积、反应温度和入口压力对石脑油壁面结焦速率的影响,通过数据分析,提出了多种简化后的结焦模型。天津大学张香文、刘国柱课题组[13-15]针对不同种类燃料开展了大量裂解实验研究。超临界状态下不同混合比例的正十二烷和异十二烷的系列混合物在 948K 时的结焦量测量结果表明,结焦量与裂解转化率密切相关[13]。通过进行多工况下 RP-3裂解结焦实验,发现结焦速率与裂解转化率和壁面温度有关,并且会随时间增加而减慢。观测得到的结焦形态特征表明,裂解结焦可解释为壁面催化机理和横向增长机理,结焦速率随时间的减慢是结焦对金属壁面的逐渐覆盖所导致的。根据实验测量结果,发展了多个基于不同结焦母体的结焦动力学模型,这些模型考虑了表面覆盖效应、当地结焦母体浓度和壁面温度[14]。其中,MC-Ⅱ双体结焦模型以丙烯和芳烃分别作为催化结焦和非催化结焦两种结焦途径的结焦母体,对于模拟 20min 内的裂解结焦过程具有很高的精度,表达式如下:

$$J_c = A_{c1} e^{-E_{a1}/(RT_{w,i})} e^{-\gamma t} C_{p1}^{n_1} + A_{c2} e^{-E_{a2}/(RT_{w,i})} C_{p2}^{n_2} \tag{4.5}$$

其中,J_c 为壁面结焦速率,即单位时间、单位面积的壁面结焦质量,单位为 $\mu g \cdot cm^{-2} \cdot min^{-1}$;四个变量 C_{p1}、C_{p2}、T_w 和 t 分别为丙烯的摩尔浓度(单位为 mol/L)、芳烃的摩尔浓度(单位为 mol/L)、管道内壁面温度和结焦过程的进行时间(单位为 min）；催化结焦和非催化结焦的活化能分别为 $E_{a1}=232.3kJ/mol$ 和 $E_{a2}=80.5kJ/mol$，指前因子分别为 $A_{c1}=1.16\times10^{15}\mu g\cdot cm^{-2}\cdot min^{-1}/(mol\cdot L^{-1})^{n_1}$ 和 $A_{c2}=2.21\times10^5\mu g\cdot cm^{-2}\cdot min^{-1}/(mol\cdot L^{-1})^{n_2}$，反应级数分别为 $n_1=1.55$ 和 $n_2=0.14$；考虑催化结焦过程中管道表面金属催化元素随结焦增加而被覆盖，催化结焦速率会随时间衰减，衰减因子 $\gamma=0.14$[14]。

对于裂解结焦过程的初始阶段，催化结焦速率明显高于非催化结焦速率，因此文献[14]还提出了只存在催化结焦速率项的 MS-II 模型，对于 20min 以内的裂解结焦量计算也具有较高精度。MS-II 模型以丙烯作为结焦母体，模型中的系数同样由壁面结焦质量的实验测量结果拟合得到，MS-II 模型表达式如下：

$$J_c=A_{c1}e^{-E_{a1}/(RT_{w,i})}e^{-\gamma t}C_{p1}^{n_1} \tag{4.6}$$

其中，C_{p1} 为丙烯的摩尔浓度（单位为 mol/L），活化能 $E_{a1}=192.88kJ/mol$，指前因子 $A_{c1}=8.68\times10^{11}\mu g\cdot cm^{-2}\cdot min^{-1}/(mol\cdot L^{-1})^{n_1}$，反应级数 $n_1=0.46$，衰减因子 $\gamma=0.074$[14]。

4.2.2　壁面结焦的数值模拟方法

同时考虑在壁面结焦出现后对冷却通道内流场和温度场的影响，需要借助动网格方法对流动传热和裂解结焦进行耦合计算。图 4.1 为可用来模拟壁面结焦过程的动网格示意图，网格边界的变化取决于壁面结焦量的分布情况，内部网格的变形可采用节点弹簧法带提高网格质量[16]。

此外，在对裂解结焦过程进行模拟时，壁面结焦的出现将导致流体的流动区域发生改变。对有相对运动边界的流动现象进行数值模拟时，欧拉（Euler）坐标系下固定网格技术不再适用，采用拉格朗日（Lagrange）坐标系下流体动力学可以描述空间网格的变化，但这种计算方法应用范围受到很大限制[17]。为了应用欧拉坐标系下建立的计算流体动力学方法，同时允许网格以任意速度运动，Noh[18]、Hirt[19-20] 和 Pracht[21] 等相继提出并完善了任意拉格朗日-欧拉（Arbitary Lagrangian-Eulerian，ALE）方法描述的思想，建立了有限体积计算方法的控制方程，并将 ALE 方法推广到具体的流体流动问题中。ALE 方法将流体力学控制方程每一个时间步的求解拆分为两个阶段：Lagrange 阶段和 Rezone 阶段。在 Lagrange 阶段，网格单元随流体一起运动，由原始位置运动至 Lagrange 位置，如图 4.2(a) 所示，在这一过程中各单元面只有扩散通量，没有对流通量。在 Rezone 阶段，对于无运动边界的问题（无壁面结焦的情形），网格单元由 Lagrange 位置还原至原始位置，如图 4.2(b) 所示，把各物理量映射到原始

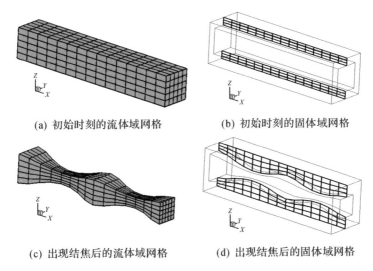

(a) 初始时刻的流体域网格　　　　　(b) 初始时刻的固体域网格

(c) 出现结焦后的流体域网格　　　　(d) 出现结焦后的固体域网格

图 4.1　长直通道结焦量沿程双正弦峰值分布网格变化结果

网格上,并计算在这个过程中各物理量的对流通量;而对于有运动边界的问题
(有壁面结焦的情形),网格单元由 Lagrange 位置移动至网格变形后的新位置,
如图 4.2(c)所示,把各物理量映射到新网格上,并计算在这个过程中各物理量
的对流通量。这样,在 Rezone 阶段,对壁面结焦导致的流体域变形所引起的网
格变化对流场的影响进行了考虑。

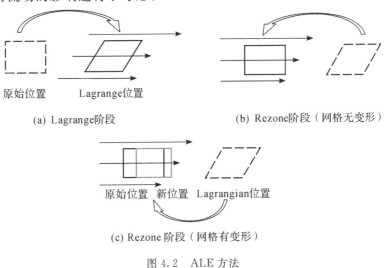

(a) Lagrange阶段　　　　　　　　(b) Rezone阶段（网格无变形）

(c) Rezone 阶段（网格有变形）

图 4.2　ALE 方法

图 4.3 为裂解结焦计算过程及其与流动传热计算的耦合过程示意图。裂解结焦和流动传热的耦合过程为非稳态过程,在进行结焦计算前,首先根据计算条件进行裂解反应和流动传热的耦合计算,得到初始时刻(未出现壁面结焦时)的物理场。在壁面结焦计算过程中,利用式(4.5)或式(4.6),基于当前壁温分布、结焦母体浓度场和结焦反应模型系数,计算出壁面结焦速率,得到壁面结焦质量和体积。结焦动网格模块根据壁面结焦体积使流固交界面发生相应移动,并计算出所有网格节点的新坐标。对于流动传热计算过程中的 Rezone 阶段(即对流项计算阶段),流体域网格移动至结焦动网格模块计算得到的新位置,这需要在计算对流项之前,对计算域的节点坐标进行更新。同时,由于流体域和固体域的几何参数发生了变化,因此需要对计算域几何参数(主要是单元体积和单元面矢量)进行更新并代入到下一计算步中。

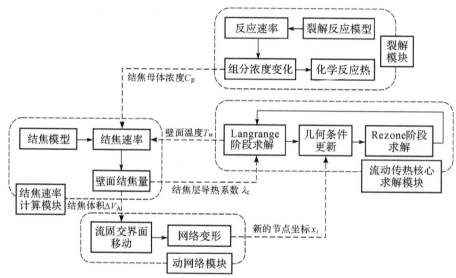

图 4.3　裂解结焦计算过程及其与流动传热计算的耦合过程

图 4.4 的算例验证了采用上述计算方法得到的固体域和流体域在出现壁面结焦后的几何变化以及流体域速度场和燃料裂解过程的变化。第 5 章中的壁面结焦对流动换热的影响结果也是基于上述计算方法获得的。

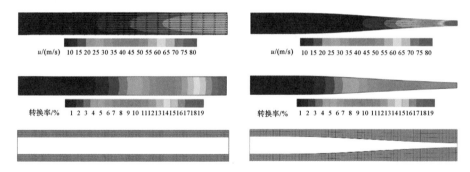

$u/(m/s)$　10 15 20 25 30 35 40 45 50 55 60 65 70 75 80

$u/(m/s)$　10 15 20 25 30 35 40 45 50 55 60 65 70 75 80

转换率/%　1 2 3 4 5 6 7 8 9 10 11121314151617 1819

转换率/%　1 2 3 4 5 6 7 8 9 10 11121314151617 1819

图 4.4　裂解结焦与流动换热耦合计算

参考文献

[1] Ward T A, Ervin J S, Striebich R C, et al. Simulation of Flowing Mildly-Cracked Normal Alkanes Incorporating Proportional Product Distribution [J]. Journal of Propulsion and Power, 2004, 20(3): 394-402.

[2] Ward T A, Ervin J S, Zabarnick S. Pressure Effect on Flowing Mildly-Cracked n-Decane[J]. Journal of Propulsion and Power, 2005, 21(2): 344-355.

[3] Feng Y, Zhang S L, Cao J, et al. Coupling Relationship Analysis Between Flow and Pyrolysis Reaction of Endothermic Hydrocarbon Fuel in View of Characteristic Time Correlation in Mini-Channel[J]. Applied Thermal Engineering, 2016, 102: 661-671.

[4] 刘波. 超临界压力流体在圆管内对流换热及热裂解研究[D]. 北京:清华大学,2013.

[5] 王夕. 超临界压力吸热型碳氢燃料热裂解及传热特性研究[D]. 北京:清华大学,2013.

[6] Zhu Y H, Liu B, Jiang P X. Experimental and Numerical Investigations on n-Decane Thermal Cracking at Supercritical Pressures in a Vertical Tube[J]. Energy & Fuels, 2014, 28(1): 466-474.

[7] Jiang P X, Yan J J, Yan S, et al. Thermal Cracking and Heat Transfer of Hydrocarbon Fuels at Supercritical Pressures in Vertical Tubes[J]. Heat Transfer Engineering, 2019, 40: 437-449.

[8] 徐可可. 航空煤油 RP-3 超临界压力湍流传热和裂解吸热现象的数值模拟研究[D]. 浙江:浙江大学,2017.

[9] Ruan B, Meng H, Yang V. Simplification of Pyrolytic Reaction Mechanism and Turbulent Heat Transfer of n-Decane at Supercritical Pressures[J]. International Journal of Heat & Mass Transfer, 2014, 69(2): 455-463.

[10] Fagley J C. Simulation of Transport in Laminar, Tubular Reactors and Application to Ethane Pyrolysis[J]. Industrial & Engineering Chemistry Research, 1992, 31(1): 58-69.

[11] Zhou H, Gao X K, Liu P H, et al. Energy Absorption and Reaction Mechanism for Thermal

Pyrolysis of *n*-Decane under Supercritical Pressure[J]. Applied Thermal Engineering，2016，112：403-412.

[12] Kumar P，Kunzru D. Kinetics of Coke Deposition in Naphtha Pyrolysis[J]. The Canadian Journal of Chemical Engineering，1985，63：598-604.

[13] Jiang R P，Liu G Z，He X Y，et al. Supercritical Thermal Decompositions of Normal- and Iso-Dodecane in Tubular Reactor[J]. Journal of Analytical & Applied Pyrolysis，2011，92（2）：292-306.

[14] Liu G Z，Wang X Q，Zhang X W. Pyrolytic Depositions of Hydrocarbon Aviation Fuels in Regenerative Cooling Channels[J]. Journal of Analytical & Applied Pyrolysis，2013，104(10)：384-395.

[15] Jin B T，Jing K，Liu J，et al. Pyrolysis and Coking of Endothermic Hydrocarbon Fuel in Regenerative Cooling Channel under Different Pressures[J]. Journal of Analytical & Applied Pyrolysis，2017，125：117-126.

[16] Blom F J. Considerations on the spring analogy[J]. International Journal for Numerical Methods in Fluids，2000，32(6)：647-668.

[17] 刘君，白晓征，郭正. 非结构动网格计算方法——及其在包含运动界面的流场模拟中的应用[M]. 长沙：国防科技大学出版社，2009：27.

[18] Noh W F. CEL：Λ Time-Dependent Two-Space-Dimensional Coupled Eulerian-Lagrangian Code[A]. Methods in Computational Physics 3[C]. Academic Press，1964.

[19] Hirt C W. An Arbitrary Lagrangian-Eulerian Computing Technique[A]. Proceedings of the Second International Conference on Numerical Methods in Fluid Dynamics[C]. Berkeley，1970：350-355.

[20] Hirt C W，Amsden A A，Cool J L. An Arbitrary Lagrangian-Eulerian Computing Method for All Flow Speed[J]. Journal of Computational Physics，1974(14)：227-253.

[21] Pracht W E. Calculating Three-Dimensional Fluid Flows at All Flow Speeds with an Eulerian Lagrangian Computation Mesh[J]. Journal of Computational Physics，1975(17)：132-159.

第5章 超临界碳氢燃料的多场耦合数值模拟

超临界碳氢燃料在主动再生冷却中面临严酷的流动环境,在高温、高压的作用下发生流动换热、热裂解、壁面结焦等多场耦合物化反应过程。本章对超临界碳氢燃料多场耦合过程的数值模拟进行详细阐述,首先介绍超临界碳氢燃料的流动换热数值模拟,再对超临界碳氢燃料的流动换热裂解过程进行数值模拟分析,最后对超临界碳氢燃料的流动换热裂解结焦数值模拟进行阐述。

5.1 超临界碳氢燃料的流动换热特性

5.1.1 竖直圆管中流动换热特性

5.1.1.1 竖直圆管中质量流量的影响

研究表明,热流密度与质量流量之比对换热有显著影响[1],一般保持热流密度不变,通过改变质量流量来改变热流密度与质量流量之比。不同管径下内壁温随着与加热段起始点距离的变化情况如图 5.1 所示。

在小质量流量($704\ \mathrm{kg \cdot m^{-2} \cdot s^{-1}}$)下,沿着流动方向向下游推进时,壁温首先以较大的斜率增加,达到峰值后减小,这意味着换热恶化发生。在不同管径下,当壁温突然升高时,壁温均超过拟临界温度,此时密度、黏度和导热系数均处在较低的水平,而定压比热容处在极大值后的急速下降区,因此复杂的变物性效应可能导致显著的浮升力效应和热加速效应,进而导致换热恶化发生。

在大质量流量($2000\ \mathrm{kg \cdot m^{-2} \cdot s^{-1}}$)下,不同管径下的壁温变化曲线均表现出单调增加的规律,当管径变大时,壁温的增长率减小。当壁温超过拟临界温度

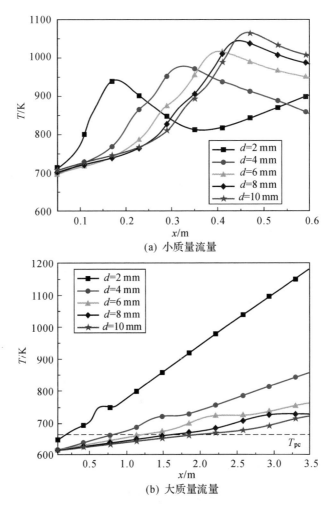

(a) 小质量流量

(b) 大质量流量

图 5.1　不同管径下壁温沿管长的变化

时,壁温曲线向上弯折并恢复至换热正常,这意味着轻微的换热恶化。

5.1.1.2　竖直管内换热恶化特性

　　浮升力效应是在重力存在下密度的不均匀分布导致的,对换热恶化有关键影响。不同质量流量下强制对流与混合对流的壁温分布如图 5.2 所示。这里 NG 表示没有重力(no gravity),即强制对流,MC 表示混合对流(mixed convection)。

　　在所有的小质量流量工况下,浮升力对壁温有显著影响。在直径 2mm 管道中,当浮升力受到抑制时,壁温峰值减小。随着管径增大,壁温减小的幅度加强。

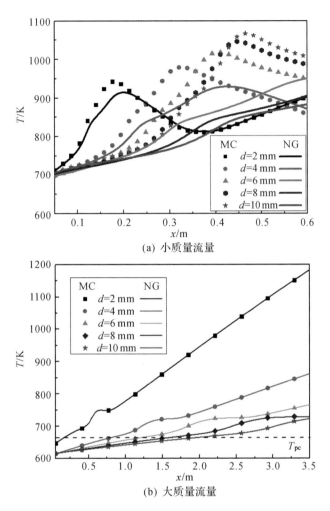

(a) 小质量流量

(b) 大质量流量

图 5.2　强制对流与混合对流的壁温分布

当管径超过 6mm 时,强制对流条件下无换热恶化。大质量流量工况下,NG 条件下的结果与 MC 条件下的结果基本一致,这表明浮升力对大质量流量工况下换热影响很小,拟临界点附近的换热抑制是由轻微的热加速效应导致的。

不同质量流量下基于截面平均温度的 Bo^* 的变化情况如图 5.3 所示。在整个管长范围内,随着管径增大,Bo^* 总体水平升高,表征更大的浮升力效应。当管径小于 4mm 时,Bo^* 先轻微减小,然后突然增加达到局部峰值,最后降低到较低水平。然而,MC 曲线和 NG 曲线的分歧点与 Bo^* 的峰值位置是不一致的,说明浮升力效应并不是影响换热恶化的唯一因素,存在其他因素诱导 MC 条件下

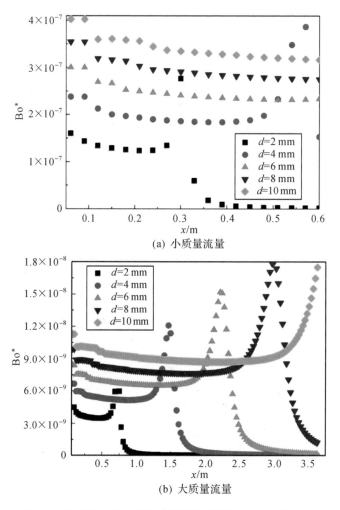

图 5.3　不同质量流量下基于截面平均温度的 Bo* 变化曲线

的壁温最大点位置相比 Bo* 的峰值位置沿管长向上游移动。

　　不同质量流量下基于截面平均温度的 K_v 的变化情况如图 5.4 所示。在超临界二氧化碳试验中，$K_v = 3 \times 10^{-6}$ 是决定热加速效应是否对换热恶化造成显著影响的一个临界标准[2]。通过对比图 5.4 中曲线与图 5.2 中强制对流下壁温结果，获得当前研究中超临界碳氢燃料的 K_v 标准：在 1.0×10^{-5} 和 1.5×10^{-5} 之间的某一个值。

　　综合浮升力效应的分析，对于小直径管，热加速效应是影响换热的主要因素。随着管径的增大，热加速效应逐渐减弱而浮升力效应逐渐增强。因此对于

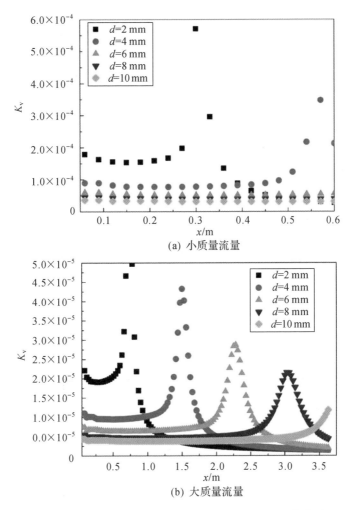

(a) 小质量流量

(b) 大质量流量

图 5.4　不同质量流量下基于截面平均温度的 K_v 变化曲线

大直径管,浮升力效应是影响换热的关键因素,相似的结论在 Kurganov 等[3] 的研究中也有出现。

为了进一步探索在小质量流量下不同直径管中换热恶化的机制,流向纵截面上的轴向速度分布对比如图 5.5 和图 5.6 所示。

在直径 2mm 管道中,浮升力效应可以忽略不计,故 MC 条件下的轴向速度分布和 NG 条件下的分布是十分相似的。随着温度升高,密度在拟临界温度附近急剧减小,在核心区流体从进口处的 1m/s 加速到出口处的 12m/s。在轴向距离 0.2~0.3m 的距离范围内,速度分布主要受到热加速效应的影响。壁面处

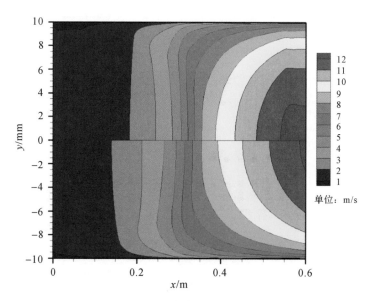

图 5.5 2mm 管中的轴向速度分布

x 轴以上：MC；x 轴以下：NG

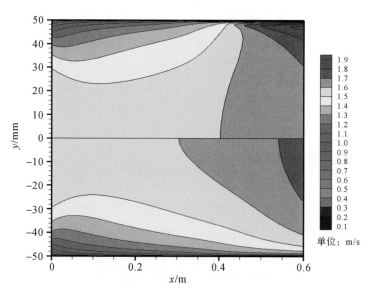

图 5.6 10mm 管中的轴向速度分布

x 轴以上：MC；x 轴以下：NG

的轴向速度增加并超过核心区的速度,从而形成 M 形速度分布。这种速度分布有较小的壁面速度梯度,造成湍流剪切应力减小,湍流受到抑制并引发换热恶化。

在直径 10mm 管道中,沿管长方向核心区内的速度变化相对于直径 2mm 管道是非常小的,这表明存在很小的流动加速效应。在 NG 条件下,任一截面上速度随着向下游推进而逐渐增大,这是一种典型的强制对流的速度分布,因此传热保持正常且壁温呈线性单调增加。考虑重力条件时,速度分布反转并产生在轴向距离 0.45m 处的 M 形分布,对应于壁温和浮升力参数分布的最大点(见图 5.1 和图 5.3)。作为有趣的现象,M 形速度分布最早由 Wood 和 Smith[4] 在 1964 年发现,他们对竖直向上流动圆管中的超临界二氧化碳的温度和速度进行测量,发现当流体温度超过拟临界温度时,产生 M 形速度分布。到现在为止,很多研究人员通过数值模拟方法发现 M 形速度分布伴随着换热恶化而存在[5],但在将来有必要通过现代实验技术来更精确地测量特殊的速度分布。

5.1.2 竖直圆管内换热恶化起始点经验关联式

换热恶化与热流密度、质量流量等有着密切关系。前述研究发现,不同管径下换热恶化的起始点亦不同。在工程应用中,需避免换热恶化的发生以消除局部温度过高,增加冷却系统工作裕度,获得换热恶化起始点经验关联式,有助于再生冷却系统的设计。

研究认为,当换热系数与某一参考值的比值小于 0.3 时为换热恶化起始点,然而有学者认为它并不适合超临界碳氢燃料的流动换热。本书采用更严格和保守的标准,即认为当壁温在流向分布的导数最小值等于 0 时为换热恶化起始点。研究者们提出了很多关于决定换热恶化起始点的经验关联式[6]。当热流密度与质量流量之比变化时,换热恶化与非换热恶化之间的转变发生。在 3mm 直径管道中 4MPa 条件下壁温和换热系数随着 q/G 的变化如图 5.7 所示。临界 q/G [记为 $(q/G)_{tr}$]为决定换热恶化与非换热恶化的阈值。从图中可以看出,热流密度与质量流量之比对换热恶化起始点具有关键影响,因此也包含在大部分换热恶化起始点的经验关联式中。

许多学者提出了典型的换热恶化起始点经验关联式。

Styrikovich 等[7]在 22mm 直径管中 24MPa 条件下建立了热流密度与质量流量之比的关联式来判断换热恶化的发生:

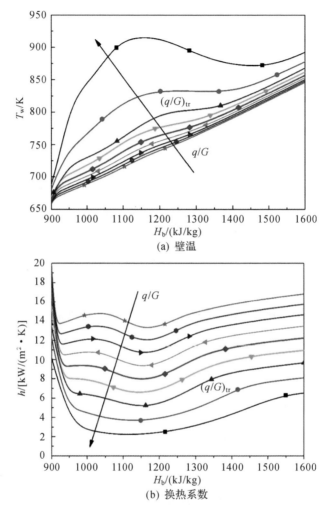

图 5.7　热流密度与质量流量之比对壁温和换热系数的影响

$$\frac{q}{G} \geqslant 0.6 \tag{5.1}$$

Yamagata 等[8] 引入如下关联式来判断 22.6MPa 和 29.4MPa 之间的 10mm 直径竖直向上流动管中超临界水的换热恶化起始点:

$$q \geqslant 0.2G^{1.2} \tag{5.2}$$

Kirillov[9] 把 Styrikovich 提出的关联式范围扩展到水、二氧化碳和氟利昂 R12:

$$\frac{q}{G} \cdot \frac{M_{\text{fluid}}}{M_{\text{water}}} \geqslant 0.6 \tag{5.3}$$

Kondrat'ev[6]提出如下方程式来得到 23.3MPa 和 30.4MPa 之间超临界水在换热恶化起始点的临界热流密度：

$$q_{tr} = 5.815 \times 10^{-17} \cdot Re_b^{1.7} \left(\frac{P}{0.10325} \right)^{4.5} \tag{5.4}$$

Zhou 等[10]考虑 3mm 直径管道中超临界吸热型碳氢燃料的质量流量和压力，并提出临界热流密度的表达式：

$$q_{tr} = 8.55 \times 10^{-5}(G^2 + 16GP + 4.795322P^2 - 1894.7G$$
$$+ 432.75P - 498250) \tag{5.5}$$

Urbano 和 Nasuti[11]研究了 4mm 直径管道中超临界甲烷的换热恶化起始点，得到了临界热流密度与质量流量之比和进口压力的关联式：

$$\left(\frac{q}{G} \right)_{tr} = (43.2P + 31.4) \times 10^{-3} \tag{5.6}$$

之后，Urbano 和 Nasuti[12]获得了 4mm 直径管中针对超临界甲烷、乙烷和丙烷的相对通用的换热恶化起始点经验关联式：

$$(q/G)_{tr} = 10^{-3} \cdot (117.4(1 + 4.24 \times 10^{-2} M_{fluid}) \cdot (P/P_c - 1.84$$
$$+ 3.4 \cdot 10^{-6}(c_p/\beta)_{pc}) + 275) \tag{5.7}$$

Dang 等[13]研究了 2mm 直径管道中 3MPa 下超临界煤油的湍流流动，获得换热恶化起始点的经验关联式：

$$q_{tr} = 0.315G \tag{5.8}$$

在各种换热恶化起始点判定关联式中，形式和系数的值各有区别，其中并未考虑几何效应。

作者团队提出不同直径和不同压力下判断换热恶化起始点的热流密度与质量流量之比的阈值，即临界热流密度与质量流量之比，得到如下关联式：

$$(q/G)_{tr} = -0.98 + 1.02(P/P_c) - 0.0114(P/P_c)d \tag{5.9}$$

当热流密度与质量流量之比大于上述阈值时，换热恶化发生，否则换热恶化不会发生。拟合的结果表明，修正多元判定系数在 99.7% 左右，最大计算误差小于 1%。

5.1.3　竖直管内对流换热经验关联式

在再生冷却系统设计中，对流换热系数是一个需要特别关注的物理量，本节针对竖直管内对流换热经验关联式进行数值研究。

5.1.3.1　已有对流换热经验关联式评价

已有对流换热经验关联式大多是从 D-B 公式推导而来，考虑超临界条件下热物性的急剧变化,在 D-B 公式基础上补充一些物性修正项。除了热物性之外,浮升力在换热恶化区具有关键影响,通过采用无量纲数 Gr、Bo*、Bu 等来考虑浮升力效应修正。两种主要的修正方法如下。

一种关联式由 Jackson 等[14]提出,选择定压比热容和密度作为物性修正项,无量纲参数 Bo* 提供浮升力效应修正,采用隐式格式:

$$\frac{\text{Nu}}{\text{Nu}_f} = \left[\left| 1 \pm 8 \times 10^4 \text{Bo}^* \left(\frac{\text{Nu}}{\text{Nu}_f} \right)^{-2} \right| \right]^{0.46} \tag{5.10}$$

另一种关联式由 Watts 和 Chou[15]提出,选择密度作为物性修正项,选择无量纲参数 Bu 作为浮升力效应修正项,并采用显式格式:

$$\text{Nu}_b = 0.021 \text{Re}_b^{0.8} \overline{\text{Pr}_b^{0.55}} (\rho_w/\rho_b)^{0.35} \varphi \tag{5.11}$$

除了 D-B 公式外,还存在另一种管内强制对流换热经验关联式。Krasnoshchekov 等[16]在 Petukhov 关联式的基础上提出超临界二氧化碳传热的物性修正经验关联式:

$$\text{Nu}_b = \text{Nu}_0 (\rho_w/\rho_b)^{0.3} (\overline{C_p}/C_{p,b})^n \tag{5.12}$$

到目前为止,大多数关联式均采用上述三种形式。Jackson 等[14]的关联式为 D-B 关联式修正的隐式格式;Watts 和 Chou[15]的关联式也从 D-B 关联式推导而来,但采用显式格式;Krasnochchekov 等[16]的关联式为 Petukhov 关联式的推导形式,包括了密度和定压比热容修正。下文利用数值模拟研究评估以上三种关联式,并依据标准统计学研究过程,分析其平均绝对误差(MAD)、均方根偏差(RMSD)、标准误差(SD)和平均相对误差(MRD)来评价这些由超临界水和二氧化碳实验获得的关联式对超临界 RP-3 换热的预测性能。

对于一般的预测趋势,三种关联式的预测结果没有大的区别,但是除了 Krasnoshchekov 等[16]的关联式之外,其他关联式的预测结果比数值结果偏低,因此 Krasnoshchekov 等[16]的关联式在预测超临界 RP-3 换热方面比 D-B 关联式具有更高的精度,如图 5.8 和表 5.1 所示。

表 5.1　三种关联式的预测统计量

关联式	MAD/%	MRD/%	RMSD/%	SD/%	R_{30}/%
Jackson 等[14]	28.75	−23.69	30.92	19.87	71.5
Watts 和 Chou[15]	26.95	−24.32	29.13	16.03	79.0
Krasnoshchekov 等[16]	22.45	−13.35	25.46	21.68	85.2

注:R_{30}表示 30% 误差带内的占比。

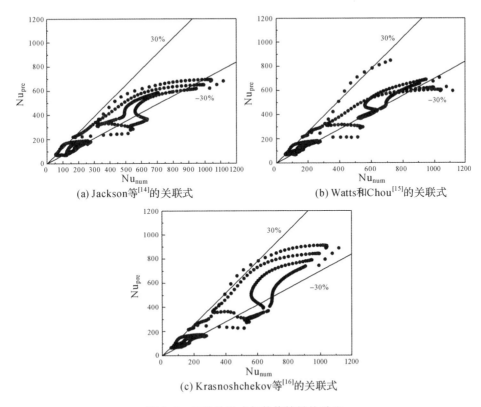

(a) Jackson 等[14]的关联式　　(b) Watts 和 Chou[15]的关联式

(c) Krasnoshchekov 等[16]的关联式

图 5.8　三种关联式与数值结果的对比

5.1.3.2　对流换热经验关联式建立

Krasnoshchekov 等[16]的关联式在三种关联式中表现最好,表明 Petukhov 关联式更适合超临界 RP-3 换热预测,建立的关联式选择 Gnielinski 改进后的 Petukhov 类型[17]作为基本形式。Petukhov 关联式的基本结构如下:

$$\mathrm{Nu}_0 = \frac{(f/8)\mathrm{Re}_b\,\overline{\mathrm{Pr}}}{1.07+12.7\sqrt{f/8}\,(\overline{\mathrm{Pr}}^{2/3}-1)} \tag{5.13}$$

其中,

$$f=[1.82\lg(\mathrm{Re}_b)-1.64]^{-2}$$

为改善预测精度,需在上述公式的基础上增加影响因素。考虑到换热恶化机制,需增加的影响因素应包括热物性的变化。在拟临界温度附近,碳氢燃料 RP-3 的密度急剧减小,低密度流体的流动速度增加并导致较均匀的速度分布和较低的湍动能分布,从而使对流换热强度降低,因此考虑 $\bar{\rho}/\rho_b$ 作为密度修正项,其中密度的差异主要发生在管壁与主流之间。浮升力效应是换热恶化的重要因素,因此考虑专门的浮升力影响因子 Bu 作为浮升力修正项。

作者提出关于超临界 RP-3 在竖直圆管内流动的对流换热经验关联式:

$$Nu = Nu_0 \left(\frac{\bar{\rho}}{\rho_b} \right)^{0.94} (Bu \cdot 10^4)^{-0.024} \tag{5.14}$$

上式对预测不同工况下的超临界 RP-3 换热具有较高的准确度和较宽的适用性。作者团队选取了 Li 等[18]、Zhang 等[19] 和 Deng 等[20] 的实验数据作为基准库,实验中超临界航空煤油 RP-3 在均匀加热的竖直圆管中流动。实验数据包含 32 种工况和 322 个工况点,采用新提出的对流换热经验关联式(5.19)的预测结果和实验结果对比如图 5.9 所示,同时表 5.2 给出了定量分析结果。90.68% 的数据点落在 ±20% 的误差带内。

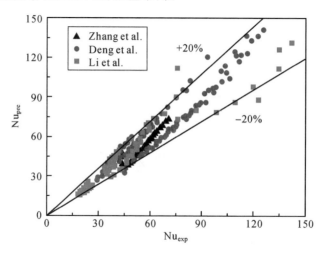

图 5.9 基于实验数据对关联式(5.19)的验证

表 5.2 关联式(5.19)对实验数据的预测结果统计分析

MAD/%	MRD/%	RMSD/%	SD/%	R_{20}/%	R_{15}/%
11.52	0.30	14.11	14.11	90.68	81.23

注:R_{20} 和 R_{15} 分别表示 20% 和 15% 误差带内的占比。

5.1.4 水平管内碳氢燃料的流动换热特性

在竖直管流动换热中,碳氢燃料所受浮升力方向与流动方向平行,故浮升力造成的效应在管道周向是均匀的;而在水平管流动换热中,浮升力方向与流动方向垂直,可能对管道周向的换热不均匀性造成显著影响,使超临界碳氢燃料的换热特性复杂化。

　　为分析方便,下文按照周向位置划分多点,如图 5.10 所示。管道底部母线(点 0)被视为 0° 圆周角,顶部母线(点 6)对应于 180° 角,对应于 5 条母线的截面上的 5 个点均匀分布在半周长上。

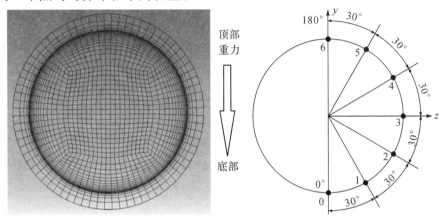

图 5.10　管道截面网格分布

　　超临界压力下水平管内存在由浮升力效应造成的周向换热不均匀性,在底部母线上换热最强、壁温最低,在顶部母线上换热最弱、壁温最高。当拟临界温度低于壁温且高于流体截面平均温度时,换热恶化发生;当流体截面平均温度超过拟临界温度时,换热开始恢复。顶部母线和底部母线之间的最大温度差可达 50K,底部换热系数最大可达顶部的 2 倍(见图 5.11)。

　　图 5.11 中的 5 个截面(a～e)分别对应 5 个焓值:1244kJ/kg、1327kJ/kg、1440kJ/kg、1554kJ/kg 和 1667kJ/kg。当总焓为 1244kJ/kg 时,换热恶化开始出现;当总焓为 1440kJ/kg 时,换热恶化最严重;当总焓为 1554kJ/kg 时,换热恶化开始减弱;当总焓为 1554kJ/kg 和 1667kJ/kg 时,换热开始恢复。

　　当换热恶化发生时,水平管横截面上存在二次流造成的对涡,使具有低换热能力的低密度流体存在于管道上半部分,对涡形式的演化反映出换热恶化的形成、发展和抑制(见图 5.12)。加热壁面使密度降低,浮升力效应使壁面处的轻流体向上流动。由于顶部壁面处的堵塞效应,重流体沿着竖直轴线下降,在水平对称面下方形成细长形的涡对,如截面 a 所示。随着换热恶化的发展,浮升力效应更加显著,高密度流体集中在管道的下半部分,导致截面 b 上涡对的位置竖直

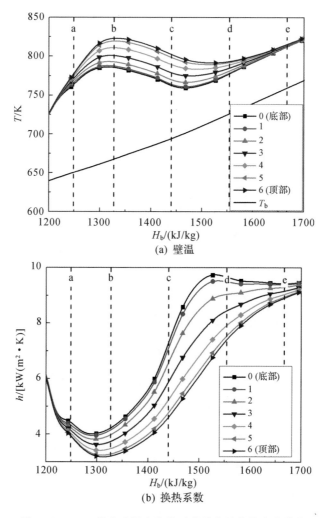

(a) 壁温

(b) 换热系数

图 5.11　2mm 管中壁温和换热系数沿着母线的变化曲线

向上移动了一点并远离壁面。在截面 c 上,密度进一步减小,涡对被挤压至管道中心,驱动下半部分的低温流体沿着管壁向上流动,引起高低温流体之间的混合,因此壁温降低。在截面 d 上,涡对几乎消失,意味着此时浮升力效应消失。在截面 e 上,即使忽略浮升力效应,上半部分的密度比下半部分的较低,但轴向速度较大。为了填补上半部分的空缺,非常小的另一对涡对产生并占据上半部分的空间。

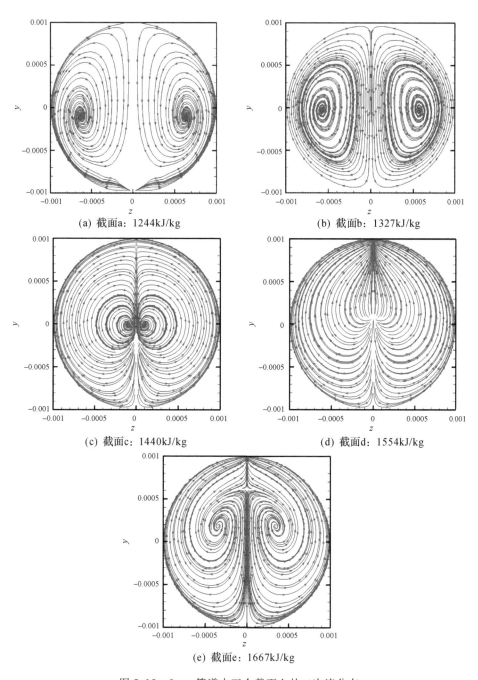

(a) 截面a：1244kJ/kg

(b) 截面b：1327kJ/kg

(c) 截面c：1440kJ/kg

(d) 截面d：1554kJ/kg

(e) 截面e：1667kJ/kg

图 5.12　2mm 管道中五个截面上的二次流分布

5.2 超临界碳氢燃料的裂解特性

5.2.1 超临界碳氢燃料的管内热裂解特性

化学反应的程度受到反应速率和反应时间的影响,其中反应速率主要取决于反应温度,反应时间取决于管长和流速,而流速又与碳氢燃料的质量流量、密度变化等因素有关。因此,影响超临界碳氢燃料的管内热裂解特性的因素众多,并且较为复杂。

5.2.1.1 壁面热流密度对热裂解特性的影响

裂解反应速率对温度非常敏感,而通道壁面的热流密度对碳氢燃料温度的影响最为直接。图 5.13 为超临界压力下均匀热流密度加热的圆管内 RP-3 流动与裂解的一维计算结果。虽然一维计算结果在定量上的精确程度相对较低,但可以定性反映出出口处 RP-3 转化率随通道壁面热流密度的变化情况。

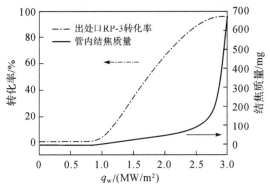

图 5.13　出口处 RP-3 转化率随热流密度的变化

当壁面热流密度很低时,出口处 RP-3 转化率始终约为 0,这是由于低温时的裂解反应速率极为缓慢。当壁面热流密度超过某一值后,随着燃料温度的逐渐提高,整个通道内的热裂解反应速率上升,RP-3 的转化率随壁面热流密度明显升高。

这里需要说明,燃料的热裂解程度除受到反应速率的影响外,还会受到在通道内的驻留时间的影响。壁面热流密度的增加使燃料温度升高、热裂解反应速率加快,同时也会导致燃料密度降低,并引起燃料流速提高。虽然流速的提高必然会使燃料在通道内的驻留时间缩短,但一般情况下,这一因素的影响远小于热裂解反应速率提高所带来的影响。因此,壁面热流密度的提高最终还是会导致燃料热裂解程度的提升。

5.2.1.2　压力对热裂解特性的影响

从表面上看,虽然式(4.3)中的裂解反应速率与压力无关,但由于超临界碳氢燃料在不同压力下的物性变化程度不同,不同的超临界压力会使通道内温度、流速等物理量的分布产生变化,从而影响燃料的热裂解反应过程。

Zhao 等[21]数值模拟了超临界压力下 RP-3 在圆管道内的热裂解过程(见图5.14)。如图 5.14(a)所示,当其他计算条件一定时,压力的变化不会对流体温度的分布产生显著影响。密度的升高使得管道内的流速相对较低,因此在较高的压力下,RP-3 在管内的驻留时间会变长。如图 5.14(b)所示,在 4MPa 条件

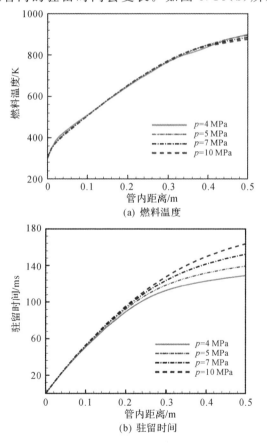

(a) 燃料温度

(b) 驻留时间

图 5.14　不同压力下的管内物理量分布[21]

下,RP-3 的总驻留时间为 128.9ms；而在 10MPa 条件下,总驻留时间延长到 163.4ms[21]。由于当压力改变时燃料的温度分布未发生明显变化,此时驻留时间成为 RP-3 转化率的主要影响因素。在较高压力条件下,燃料在管内驻留时间的延长使热裂解反应进行得更为充分,热裂解反应的程度得到了明显提高,如图 5.15 所示。

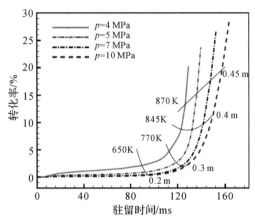

图 5.15　RP-3 转化率随驻留时间的变化[21]

　　压力除了通过影响燃料的密度改变流速以及通过改变在通道内的驻留时间来影响热裂解反应过程外,在某些条件下也会通过改变传热特性从而间接影响燃料的热裂解过程。通过对比图 5.16(a)和(b)可以看出,其他计算条件相同时,在 3MPa 和 5MPa 条件下圆通道内正癸烷转化率分布的区别。虽然在这两个压力条件下出口处的正癸烷转化率接近,但通道前半段的转化率分布却呈现出一定的差异。在 5MPa 条件下,通道前半段内正癸烷的转化率始终保持较低水平;而在 3MPa 条件下,正癸烷的转化率在前半段就开始明显上升。

　　从第 4 章中的介绍可知,在较高的热流密度和较低的压力条件下,碳氢燃料在通道内极易出现传热恶化现象。由于计算条件的热流密度较高(1.0～1.2MW/m²),从图 5.17 的壁面温度分布结果可以看出,在 3MPa 条件下出现了传热恶化。图 5.18(a)和(b)分别为 3MPa 条件下靠近壁面处的流体温度和热裂解反应速率的分布云图。由于换热恶化的出现,壁面温度在前半段出现极值,靠近该处的流体温度很高(将近 1100K),相应地,热裂解反应速率也极高。正是在 3MPa 条件下靠近壁面处极高的反应速率使得正癸烷转化率在通道前半段就开始上升。

　　从以上关于不同压力条件下热裂解特性的变化的介绍和讨论中可以总结

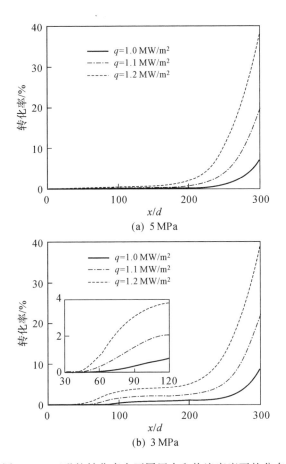

图 5.16　正癸烷转化率在不同压力和热流密度下的分布

出,压力会对热裂解过程会造成一系列间接影响,并且这些影响主要体现在以下两个方面:①不同压力下,流体密度随温度变化程度不同,这影响流速和反应物在通道内的驻留时间,进而影响热裂解过程;②对于相对较低压力,有可能出现传热恶化,在传热恶化段靠近壁面处存在高温区,该处的热裂解反应速率高,从而使热裂解特性呈现特殊规律。

5.2.1.3　入口流速/质量流量对热裂解特性的影响

除壁面热流密度和压力外,入口流速或质量流量也是影响热裂解反应过程的一个重要工况条件。燃料的流速会直接影响在通道内的驻留时间,同时,不同流速下燃料的对流传热特性会发生改变,并影响燃料温度,最终影响热裂解反应速率。根据 Xu 和 Meng[22] 的数值模拟结果,在壁面热流密度和压力一定的条件

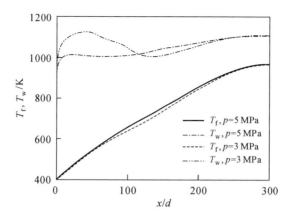

图 5.17　流体温度和壁面温度在不同压力和热流密度下的分布
（壁面热流密度为 1.2MW/m²）

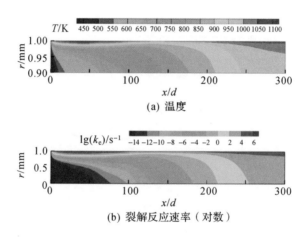

(a) 温度

(b) 裂解反应速率（对数）

图 5.18　近壁处物理场分布（压力为 3MPa,壁面热流密度为 1.2MW/m²）

下,RP-3 进口流速从 2.5m/s 减小到 2.0m/s、再减小到 1.6/s 的过程中,虽然流速先后分别仅仅降低 20%,但导致的 RP-3 转化率的变化却成倍增加,如图 5.19(a)所示。从图 5.19(b)可以明显看出,流速变化后,各个截面处的流体温度均出现上升,可见流体温度的增加是导致 RP-3 转化率成倍增加的主要原因。

　　根据 Xu 和 Meng[23]在壁面温度一定时的计算结果,较低流速时的 RP-3 转化率更高,如图 5.20(a)所示。同时,从图 5.20(b)可以看出较低流速下各个截面处的流体温度相对较高,热裂解反应速率也应相应较大。可见 RP-3 转化率的提高是流体在通道内驻留时间增加以及反应速率加快共同作用的结果。

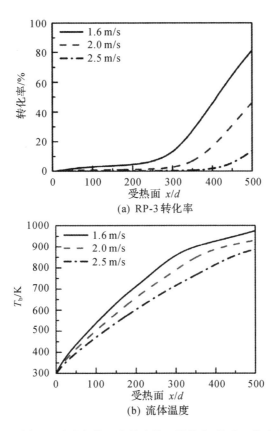

(a) RP-3 转化率

(b) 流体温度

图 5.19　不同入口流速条件下的管内物理量分布(等壁面热流密度)[22]

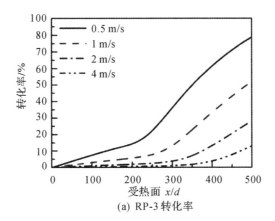

(a) RP-3 转化率

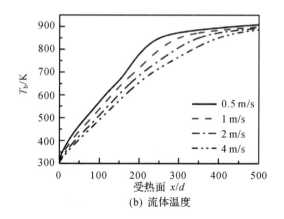

图 5.20　不同入口流速条件下的管内物理量分布(等壁面温度)[23]

5.2.1.4　其他因素对热裂解特性的综合影响

除了前面介绍的壁面热流密度、压力、流速等工况条件外,一些其他因素,如几何结构、热流分布等,也会对碳氢燃料的热裂解过程产生影响。图 5.21 为下表面加热方通道的示意图,RP-3 在方通道内流动并发生裂解,下表面的加热热流密度为 $3.6 MW/m^2$。由于较大比例的热量会通过方通道的下流固交界面传入流体域中,下流固交界面的热流密度很高($2.0 \sim 3.0 MW/m^2$),在该壁面附近会出现较高程度的传热恶化现象,使得 RP-3 转化率在前半段呈现出相比于图 5.16(b)更为明显的升高现象,如图 5.22 所示。并且在这一热流密度下,即使在压力相对较高(5MPa、6MPa)时,也同样出现传热恶化和 RP-3 转化率升高的现象。

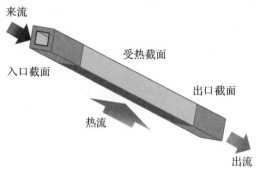

图 5.21　下表面加热方通道的物理模型

Zhang 等[24]在不同纵横比的方通道内开展正癸烷的热裂解过程的数值计算研究时发现,降低通道纵横比可以减小通道横截面中的温度差和燃料转化的

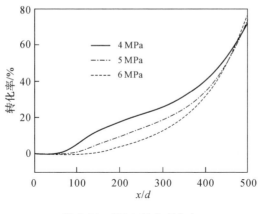

图 5.22　RP-3 转化率分布

不均匀性,并且还可以增加最终的转化率和化学吸热量。Zhao 等[25]在正癸烷的裂解研究中发现,尽管加热段的总加热量一定,但当热流密度的分布沿通道长度方向不同时,无论是正癸烷的裂解程度分布规律还是出口的正癸烷质量分数均存在一定程度的差别。Xu、Sun 和 Meng[26-27]还数值计算了复杂几何结构,如带肋管道、螺旋管道内的碳氢燃料热裂解过程,具体的规律和结论读者可以自行阅读相关文献。

5.2.2　热裂解对流动换热的影响

从 4.3 节中可以知道,由于化学反应的速率对温度较为敏感,并且通道内的化学反应过程依赖于流场,因此流动传热特性的改变也会影响碳氢燃料的裂解过程。燃料发生裂解反应后会吸收更多的热量来提高冷却能力,同时流体的成分也会不断发生变化。因此,燃料裂解反过来也会给冷却通道内的流动传热过程带来巨大的影响,并产生特殊的流动换热规律。

5.2.2.1　热裂解对流动的影响

通道内的流动阻力会造成沿程压力的下降,压力梯度可以反映出流阻特性。图 5.23 给出了圆通道内的压力梯度在图 5.17(a)条件下的分布情况,并将考虑热裂解和不考虑热裂解时的结果进行了对比。在通道的后半段,考虑热裂解时压力梯度的大小明显高于不考虑热裂解时,这表明热裂解反应会使通道内的流阻增加。超临界流体密度的剧烈变化对压降特性起着最主要的作用。图 5.24 展示了考虑热裂解和不考虑热裂解时的流体密度与流速的变化,考虑热裂解时的密度低于不考虑热裂解时,这是由于热裂解过程中小分子组分的比例不断增加。热裂解反应引起的流体密度的进一步降低使流体获得了更高的加速度,更大的壁面法向速度梯度使壁面剪切应力增加。正是热裂解反应造成的流体加速导致了在通道后半段压力梯度的更快增加以及更高的压力梯度值。

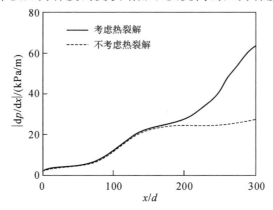

图 5.23 考虑热裂解和不考虑热裂解时的压力梯度分布

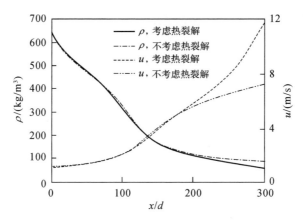

图 5.24 考虑热裂解和不考虑热裂解时的流体密度与流速变化

5.2.2.2 热裂解对传热的影响

图 5.25 为 Xu 和 Meng[22]数值模拟得到的圆通道内考虑 RP-3 热裂解与不考虑热裂解时的流体温度,可以明显看出,裂解吸热大幅降低了流体的温度。热裂解反应发生后,小分子组分的比例不断增加,流体密度进一步降低,流速进一步提升,并会最终导致对流换热系数的增加。一方面由于流体温度降低,另一方面由于裂解反应增强了流体的对流换热能力,通道后半段的壁面温度明显降低。在靠近出口处,热裂解使流体温度和壁面温度分别降低了 200K 和 300K 以上,

如图 5.25 和 5.26 所示。

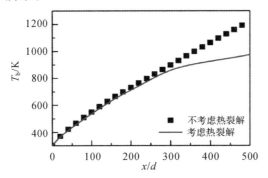

图 5.25　考虑热裂解和不考虑热裂解时的流体温度分布[22]

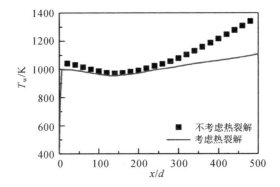

图 5.26　考虑热裂解和不考虑热裂解时的壁面温度分布[22]

热裂解吸热的程度可通过单位体积的热裂解吸热量换算得到的等效壁面热流密度来衡量[22]，定义式如下：

$$q_{endo} = \frac{\int_{\Delta V} \dot{Q}_{endo} \, dV}{\Delta A} \tag{5.15}$$

其中，$\dot{Q}_{endo}$ 为热裂解反应在单位体积内产生的吸热量，ΔV 为流体体积，ΔA 为对应的通道壁面面积。

从图 5.27 的热裂解反应吸热量和等效吸热热流密度分布结果中可以看出，在 $2.0 MW/m^2$ 的壁面热流密度条件下，通道后半段的等效吸热热流密度最高可达到 $1.5 MW/m^2$，这表明该处超过 70% 的加热量都被 RP-3 的热裂解反应吸收[22]。此外，当燃料的热裂解程度较高时，还会发生一定的二次裂解，二次裂解也会吸收少量的热量。

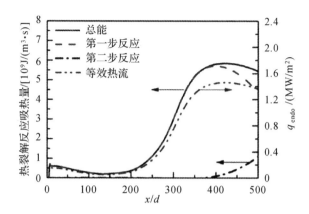

图 5.27　热裂解反应吸热量和等效吸热热流密度分布[22]

在实际的再生冷却过程中,碳氢燃料在冷却通道内的流动处于非对称加热条件下[28],通道固体壁面的导热会对热流的分布造成影响[29-31],进而影响通道内的流动传热过程和裂解过程。对于正癸烷在图 5.21 的下表面加热方通道内的流动传热过程,当加热表面热流密度为 3.0 MW/m² 时,各流固交界面的热流密度如图 5.28 所示。下流固交界面(即下壁面)的热流密度先下降后上升,而侧流固交界面(即侧壁面)和上流固交界面(即上壁面)的热流密度的变化规律与下流固交界面相反。以 4MPa 时的结果为例,图 5.29 给出了考虑热裂解时通道内流体域热容量和速度的云图分布,正癸烷在流入加热段后,热容量在靠近下流固交界面区域迅速降低并导致换热恶化,下流固交界面处的对流换热减弱。相应地,通过下流固交界面传入流体的热量减少,通过侧流固交界面和上流固交界面传入的热量增多。当 $x/d > 100$ 时,如图 5.29(b)所示,由于密度降低,流体在通道内不断加速,并且靠近下流固交界面区域的流体速度明显高于上流固交界面区域。流体在靠近下流固交界面区域更大的加速度使流体的冷却能力得到恢复,并使下流固交界面处的对流换热得到更大程度的强化。相应地,越来越多的热量通过下流固交界面传入流体中,通过侧流固交界面和上流固交界面传入的热量减少。热流密度的变化在 4MPa 时最为明显,这是因为在较低的压力下物性变化更为剧烈,从而导致更大程度的换热恶化和换热强化。

图 5.30 为 4MPa 时考虑热裂解和不考虑热裂解时各流固交界面的热流密度变化,热裂解反应使得更多的热量由下流固交界面传入流体域,更少的热量由侧流固交界面和上流固交界面传入。图 5.31 给出了不考虑热裂解时通道内流体域热容量和速度的云图分布。与图 5.29 对比可以发现,裂解反应使得流体的

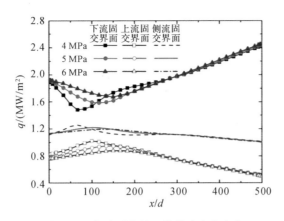

图 5.28　各流固交界面的热流密度变化

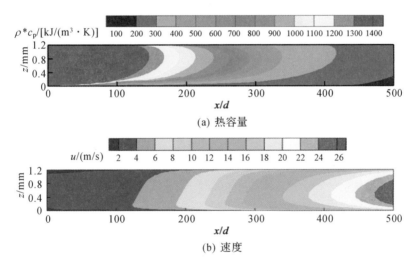

图 5.29　考虑热裂解时通道内流体域热容量和速度分布

热容量略有降低,而对于流速的增加有着极其明显的影响。裂解反应引起的流体进一步加速,使下流固交界面处的换热强化提前,并且使换热强化的程度也得到了增强。因此,热流密度的增长在发生裂解反应时变得更为迅速。

尽管热裂解反应使得下流固交界面的热流密度增加,但下流固交界面的温度反而在发生热裂解反应时变得更低,如图 5.32 所示。这一方面是由于裂解吸热降低了流体的温度,另一方面是由于热裂解反应增强了流体的对流换热能力。图 5.32 的结果还表明,在加热段的前半段,相比于不考虑热裂解反应时的结果,考虑热裂解反应时各流固交界面换热恶化段的长度缩短,同时壁温的极值大幅

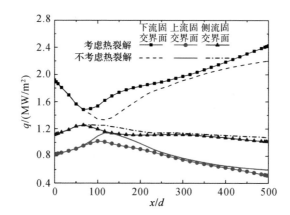

图 5.30　考虑热裂解和不考虑热裂解时各流固交界面的热流密度变化

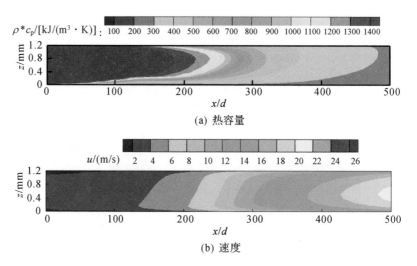

图 5.31　不考虑热裂解时通道内流体域热容量和速度分布

降低。这表明热裂解反应使各流固交界面换热恶化的程度得到了明显减小。

图 5.33 所示为方通道底部加热表面温度一定时各流固交界面的热流密度变化，其中加热表面温度为 1200K，通道内的工质为 RP-3。下流固交界面、侧流固交界面和上流固交界面的热流密度呈现相似的变化规律。由于加热表面的温度较高，RP-3 流入加热段后热容量迅速下降，因此，下流固交界面处的热流密度在加热段入口处急剧降低。在 $x/d = 60$ 下游，流动加速引起传热强化，更多的热量传入流体，热流密度开始上升。然而，热流密度在接近加热段出口时再次出现下降，这是由于随着流体温度的不断上升，流体温度逐渐接近加热表面温度。

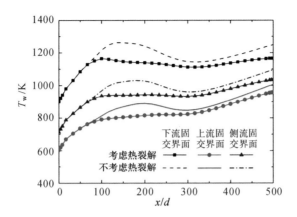

图 5.32　考虑热裂解和不考虑热裂解反应时各流固交界面的壁面温度分布

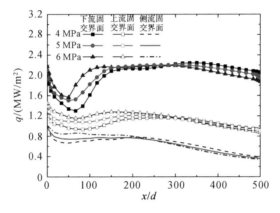

图 5.33　各流固交界面的热流密度变化

由于压力相对较低时流体的物性变化更为剧烈,因此图中 4MPa 的结果呈现的上述规律更为明显。

以 4MPa 时的结果为例,图 5.34(a)给出了时考虑热裂解与不考虑热裂解反应时各流固交界面的热流密度变化,并分别给出了考虑二次裂解与只考虑了一次裂解时的结果。热裂解反应造成了各流固交界面更大的热流密度,并且在下流固交界面带来的热流密度增加更为明显。图 5.34(b)中加热表面的热流密度结果说明,当加热表面的温度一定时,裂解反应使得更多的热量传递进冷却通道,考虑热裂解与不考虑热裂解反应时加热表面热流密度的差异可达到 1.23MW/m²。这表明裂解反应对冷却通道的吸热能力带来了巨大的提升。此外,二次裂解反应在后半段也产生了积极影响。

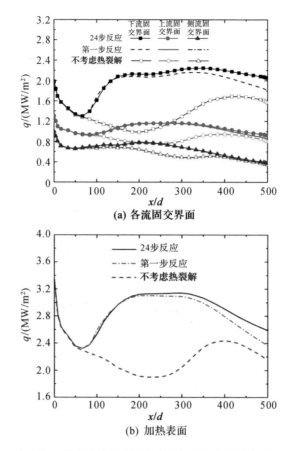

图 5.34　考虑热裂解和不考虑热裂解时热流密度变化

5.3　超临界碳氢燃料的结焦特性

5.3.1　超临界碳氢燃料的管内壁面结焦特性

壁面的结焦量与壁面温度、结焦母体的浓度、结焦时间等因素有关。其中，壁面温度和结焦母体浓度的影响因素复杂，取决于流动、传热和热裂解反应过程。而通过第 4～7 章的介绍可以了解到，超临界压力下碳氢燃料的流动、传热和热裂解特性的影响因素众多，这也使得不同条件下的壁面结焦的特性十分复杂。

5.3.1.1　壁面热流密度对壁面结焦量的影响

图 5.35 为通过一维计算得到的均匀热流密度加热的圆管道出口处的 RP-3
转化率和 20min 时管内结焦总质量随热流密度的变化。一维计算结果在定量上
的精确程度相对较低,但可以借助其分析定性规律。在壁面热流密度达到某一
值后,管道出口处的 RP-3 转化率开始上升,与此同时,管内也相应地出现结焦。
随着热流密度的继续增大,管道出口的 RP-3 转化率不断升高并在高热流密度时
接近 100%。管内结焦总质量随热流密度的升高最初增加缓慢,随后增加迅速。

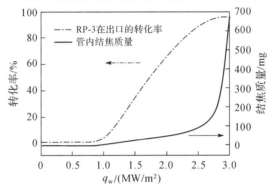

图 5.35　出口处 RP-3 转化率和 20min 时管内结焦总质量随热流密度的变化

图 5.36 给出了图 5.35 结果中三个不同热流密度条件下的几个物理量的分
布结果。当外壁面热流密度为 $1.0MW/m^2$ 时,流体温度在靠近出口处达到
800K,相应地,RP-3 仅在靠近出口时出现少量裂解。随着壁面热流密度的进一
步增加,流体温度升高速率加快,裂解反应起始位置提前,RP-3 的转化率更大。
相应地,结焦母体浓度随热流密度的升高出现明显增加,同时壁面温度大幅升
高,如图 5.36(c) 和 (d) 所示。根据式(4.5),结焦母体浓度和壁面温度的升高均
会引起壁面结焦速率的提高,因此图 5.35 中在热流密度较大时,壁面结焦量随
热流密度上升明显增加。

5.3.1.2　压力对壁面结焦量的影响

从表面上看,虽然式(4.5)和(4.6)中的壁面结焦速率与压力无关,但压力会
间接影响燃料的热裂解反应过程。相应地,结焦母体浓度也会受到压力的影响。
此外,超临界碳氢燃料在不同压力下的物性变化程度不同,会导致不同的对流传
热特性,壁面温度的改变会影响壁面结焦反应速率。

图 5.37 为通过一维计算得到的均匀热流密度加热的圆管道出口处的 RP-3

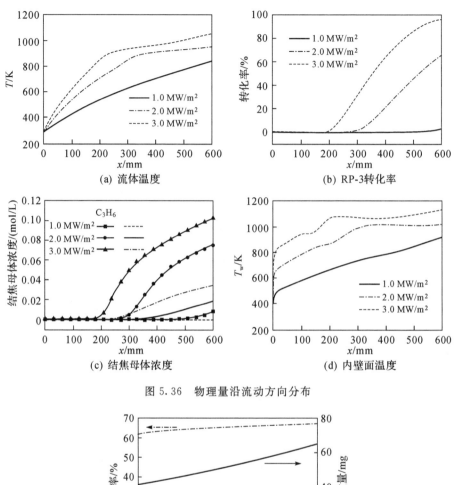

图 5.36 物理量沿流动方向分布

图 5.37 出口处 RP-3 转化率和 20min 时管内结焦总质量随压力的变化

转化率和 20min 时管内的结焦总质量随压力的变化,随着压力的逐渐升高,出口处的 RP-3 转化率缓慢增加,但这一变化并不明显。管内结焦质量随压力的升高呈近似线性增加,7MPa 时结焦质量约为 3MPa 时的 1.5 倍,这一现象与文献[32]中实验测量得到的规律类似。

图 5.38 给出了图 5.37 结果中三个不同压力条件下的几个物理量的分布结果。如图 5.38(a)所示,不同压力下的流体温度分布没有明显差异。从图 5.38(b)中可以看出,较高压力下的 RP-3 转化率略高于较低压力时,这是较高压力时流体的密度较大、流速较低、驻留时间较长导致的。从图 5.38(c)中可以看出,结焦母体浓度在不同压力下有着明显差异。这一方面是因为流体的密度在较高压力时较大,另一方面是因为 RP-3 转化率随压力的上升略有增加,裂解产物质量分数升高。这两个原因共同导致结焦母体的组分密度在高压下较大,相应地,摩尔浓度更高。如图 5.38(d)所示,不同压力下的内壁面温度差别较小,这一微小差别不足以引起壁面结焦量出现明显差异。由此可以得出结论,结焦母体浓度的变化是造成管内结焦质量随压力升高而增加的主要原因。

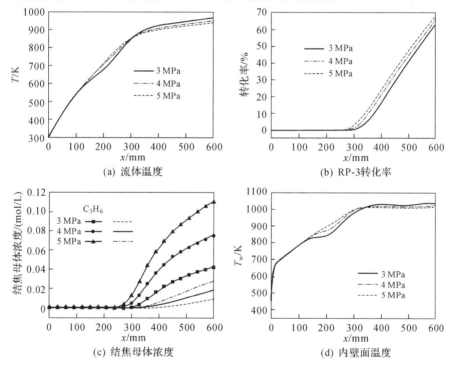

图 5.38　物理量沿流动方向分布

5.3.1.3　入口流速/质量流量对壁面结焦量的影响

除壁面热流密度和压力外,入口流速或质量流量也是影响壁面结焦过程的一个重要工况条件。燃料的流速会直接影响在通道内的驻留时间,同时,不同流速下燃料的对流传热特性会发生改变,并影响燃料温度和壁面温度,最终影响热裂解反应速率和壁面结焦速率。

图 5.39 为通过一维计算得到的均匀热流密度加热的圆管道出口处的 RP-3 转化率和 20min 时管内的结焦总质量随进口流速的变化。随着入口速度的增加,出口处的 RP-3 转化率和管内结焦质量均出现明显下降,并在入口速度较大时趋向于 0。

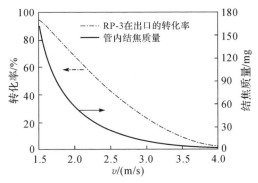

图 5.39　出口处 RP-3 转化率和 20min 时管内结焦总质量随进口流速的变化

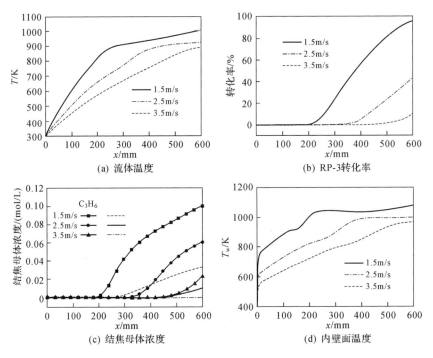

(a) 流体温度

(b) RP-3转化率

(c) 结焦母体浓度

(d) 内壁面温度

图 5.40　物理量沿流动方向分布

图 5.40 给出了图 5.39 结果中三个不同进口流速条件下的几个物理量的分布结果。入口速度与管内流量成正比,随着流量的增加,流体温度的升高减小,如图 5.40(a)所示。同时,流速提高后,流体在管内的驻留时间缩短。由于流速增加使得裂解反应速率和反应时间均减小,因此图 5.40(b)中,当进口流速由 1.5m/s 增加至 3.5m/s 时,管道出口处的 RP-3 转化率由 96.2% 降低至 9.6%。相应地,当进口流速由 1.5m/s 增加至 3.5m/s 时,生成的结焦母体浓度大幅降低,如图 5.40(c)所示。从图 5.40(d)中可以明显看出,流速对壁面温度同样有着显著影响。当流速增加时,结焦母体浓度大幅下降和壁温明显降低共同导致了结焦量的减少。

5.3.1.4　其他因素对壁面结焦量的综合影响

除了壁面热流密度、压力、流速等工况条件外,一些其他因素,如几何结构、不同类型的热边界条件等,也会对碳氢燃料的壁面结焦过程产生影响。图 5.41 为均匀圆管道外壁面温度条件下,结焦刚开始时部分物理量的沿程分布。从图 5.41(a)中可以看出,RP-3 进入加热段后开始发生裂解。由于外壁面温度恒定,管内壁温沿程分布较为均匀且温度较高,约为 1100K,因此当裂解反应发生时,壁面结焦速率随 RP-3 转化率的升高迅速增加,如图 5.41(b)所示。为能清晰地显示不同结焦机理对应的结焦速率的变化情况,图 5.41(b)中采用不同的纵坐标范围,催化结焦速率在数值上远高于非催化结焦速率。此外,从图 5.41(b)中可以看出,催化结焦速率在 $x = 120 \sim 300$mm 这一段内缓慢增加。根据 MC-II 结焦动力学模型,式(4.5)中壁面催化结焦的反应级数 $n_1 = 1.55$,丙烯的摩尔浓度变化会极大地影响壁面催化结焦速率。尽管裂解反应的不断进行使流体中的丙烯比例增加,但流体密度的迅速降低抑制了丙烯摩尔浓度的增加,如图 5.41(c)所示。由于丙烯摩尔浓度在 $x = 120 \sim 300$mm 这一段内上升缓慢,因此催化结焦速率的增加速度降低。

图 5.42 给出了不同时刻壁面结焦量的沿程分布,可以明显看出,催化结焦量远大于非催化结焦量。随着结焦过程的进行,每 5min 时间间隔内的催化结焦量增量迅速衰减,而非催化结焦量增量在每 5min 时间间隔内几乎相同。

Xu、Sun 和 Meng[23,26]还数值计算了复杂几何结构,如带肋管道、螺旋管道内的碳氢燃料热裂解过程和壁面结焦特性,具体的规律和结论读者可以自行阅读相关文献。

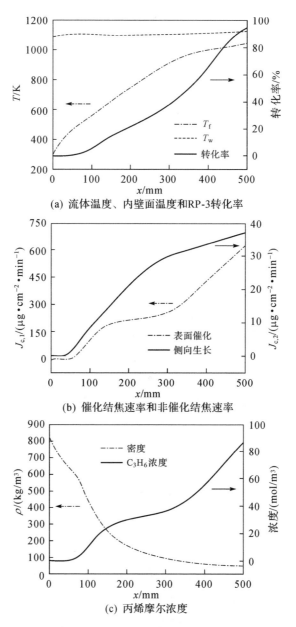

(a) 流体温度、内壁面温度和RP-3转化率

(b) 催化结焦速率和非催化结焦速率

(c) 丙烯摩尔浓度

图 5.41 初始时刻物理量沿程分布

5.3.2 壁面结焦对流动换热的影响

从 5.3.1 节中可以知道，流动传热特性会影响碳氢燃料的裂解过程和壁面

结焦分布规律。壁面结焦发生后，流动截面的几何条件会发生变化，并且沉积在壁面的焦炭会增加流体与壁面间的传热热阻。因此，壁面结焦反过来也会为冷却通道内的流动传热过程甚至热裂解过程带来巨大的影响。

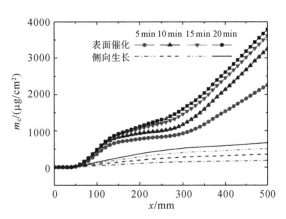

图 5.42　不同时刻的壁面结焦量分布

作者团队通过对均匀壁面热流条件下圆管道内正癸烷的流动传热与裂解结焦的耦合数值模拟，得到了各时刻壁面结焦厚度分布（见图 5.43）和流体域随结焦厚度增加产生的变化结果（见图 5.44）。在图中的计算条件下，20min 时位于加热段出口处的壁面结焦厚度约为 0.07mm，如图 5.43 所示。这意味着流体域的直径将由 1mm 减小到 0.86mm，相应地，加热段出口处的流体域横截面积比初始时刻缩小约 25%。为了能更直观和清晰地观察壁面结焦带来的变化，取纵截面的一半对不同时刻的流体域几何变化和速度云图进行描绘，如图 5.44 所示。随着结焦过程的进行，每 5min 时间间隔内的壁面结焦量的增加量逐渐减少。这一现象源自于式（4.6）中的时间衰减项，很好地反映了随着管道表面逐渐被结焦覆盖，催化表面失活，催化结焦速率减慢[33]。

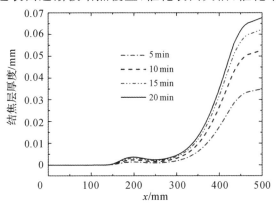

图 5.43　结焦层厚度分布

管道内壁面结焦的不断增厚，给流动传热带来了多方面的影响。观察图 5.44 可以明显发现，随着流体域横截面的缩小，流体的加速更为剧烈，并且

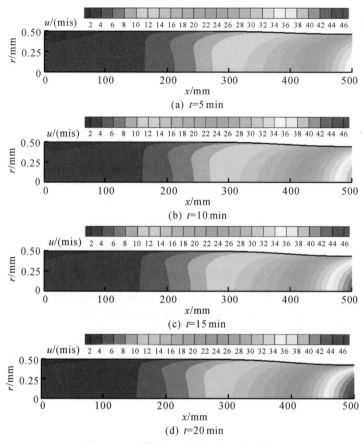

图 5.44 流体域的几何变化和速度分布

20min 时加热段出口的速度远大于壁面结焦刚开始时。图 5.45 展示了不同时刻的压降沿程分布,压降的数值由入口压力减去当地压力得到。在产生壁面结焦的区域,流通面积减小导致的流动进一步加速,使得压降升高得更快。正癸烷的裂解过程依赖于管道内的流场,流动加速所导致的正癸烷在管道内驻留时间的缩短会造成正癸烷的转化率降低。图 5.46 给出了不同时刻正癸烷转化率的变化,反映了驻留时间对正癸烷转化率的影响,图中横坐标为流体在加热段内的驻留时间。随着壁面结焦过程不断进行,流体在加热段内的驻留时间逐渐缩短,相应地,加热段出口处的正癸烷转化率在 20min 内减少了约 6%。需要指出的是,由于流体在加热段内的驻留时间随结焦过程缩短,发生裂解的正癸烷的量减少,裂解反应吸收的热量也会相应减少。由此可以得出结论:壁面结焦会间接减弱正癸烷的吸热能力。

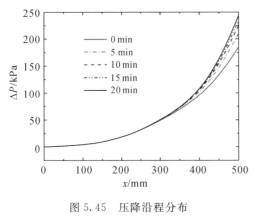

图 5.45 压降沿程分布

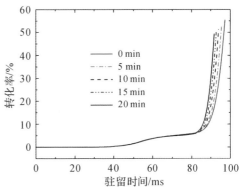

图 5.46 正癸烷转化率随驻留时间的变化

由于结焦层多孔结构的导热系数远低于金属管壁的导热系数,焦炭不断沉积在管道的内表面,会严重影响流体和壁面间的热阻。图 5.47 中不同时刻的内壁面温度 $T_{w,in}$ 和外壁面温度 $T_{w,out}$ 的计算结果很好地印证了这一问题。内壁面在结焦产生后会由不锈钢管道的内表面转变为结焦层表面,因此内壁面温度 $T_{w,in}$ 在最初时为管道内壁的温度,而在之后为结焦层表面的温度。由图 5.47 可以明显看出,在出现壁面结焦后,内壁面温度只有很小的变化,而外壁面温度随结焦过程的开始立刻升高,并且 20min 时在加热段出口处升高近 100K。这表明壁面结焦带来的热阻增加会对外壁面温度造成严重影响。对于实际的再生冷却系统,当处于更为恶劣的热环境并且运行更长时间时,在冷却管道内表面会产生更大的结焦量。随着结焦过程的进行,承受不断升高的温度将成为管道壁面材料面临的巨大挑战。

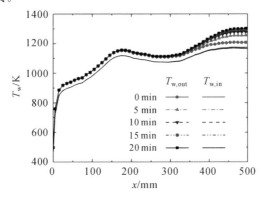

图 5.47 内壁面和外壁面温度分布

通过对均匀壁面温度条件下圆管道内 RP-3 的流动传热与裂解结焦的耦合数值模拟,得到了不同时刻壁面结焦厚度的变化结果(见图 5.48),对应的催化结焦和非催化结焦量结果可参见图 5.42。图 5.49 为加热段外壁面热流密度的沿程分布随壁面结焦过程的变化,热流密度在加热段前半段先迅速降低,随后逐渐升高,在加热段后半段又逐渐降低。随着结焦过程的不断进行,壁面结焦带来的热阻增加造成传入流体的热量减少。这表明当外壁面温度一定时,壁面结焦的增加会减弱冷却通道的吸热能力。传入流体的热量的减少使得流体的温度随结焦过程略有降低,同时内壁面温度也出现了小幅下降,如图 5.50 所示。

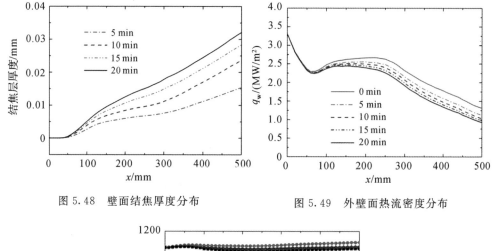

图 5.48　壁面结焦厚度分布　　　　　　　图 5.49　外壁面热流密度分布

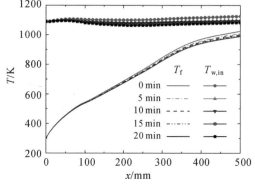

图 5.50　流体温度和内壁面温度随结焦过程的变化

该计算条件下的壁面结焦量和结焦层厚度较小,因此图 5.51 仅对比初始时刻和 20min 时的流场结果。从图中可以看出,相比于初始时刻的结果,尽管 20min 时流体域出现了一定程度的缩小,但流速的分布较为接近。这是因为在出现壁面结焦后,在流体域流通面积减小的同时,流体的温度也有所降低,如图5.50 所示。流体温度的降低使得流体具有较高的密度,因此流速的变化并不明显。图 5.52 给出了 RP-3 转化率随驻留时间的变化。流场的变化并不明显,因此流体在加热段内的总驻留时间差别很小。相同的驻留时间所对应的 RP-3 转化率随结焦过程逐渐降低,这是由于流体温度的降低减慢了裂解反应速率。

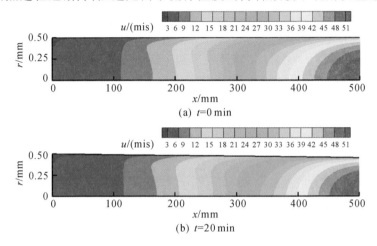

图 5.51　流体域的几何变化和速度分布

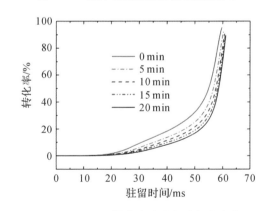

图 5.52　RP-3 转化率随驻留时间的变化

参考文献

[1] Urbano A, Nasuti F. On the Onset of Heat Transfer Deterioration in Supercritical Coolant Flow Channels[C]. 43rd AIAA Thermophysics Conference, New Orleans, Louisiana, 2012.

[2] Mceligot D M, Coon C W, Perkins H C. Relaminarization in Tubes[J]. International Journal

of Heat and Fluid Flow, 1970, 13:431-433.

[3] Kurganov V A, Ankudinov V B, Kaptil'nyi A G. Experimental Study of Velocity and Temperature Fields in an Ascending Flow of Carbon Dioxide of Supercritical Pressure in a Heated Vertical Tube[J]. High Temperature, 1986, 24(6): 811-818.

[4] Wood R D, Smith J M. Heat Transfer in the Critical Region Temperature and Velocity Profiles in Turbulent Flows[J], AICHE Journal, 1964, 10 (2):180-186.

[5] Li Z H, Jiang P X, Zhao C R, et al. Experimental Investigation of Convection Heat Transfer of CO_2 at Supercritical Pressures in a Vertical Circular Tube[J]. Experimental Thermal and Fluid Science, 2010, 34(8):1162-1171.

[6] Kondrat'ev N S. About Regimes of the Deteriorated Heat Transfer at Flow of Supercritical Pressure Water in Tubes [C]. Transactions of the IVth All-Union Conference on Heat Transfer and Hydraulics at Movement of Two-Phase Flow inside Elements of Power Engineering Machines and Apparatuses, Leningrad, Russia, 1971: 71-74.

[7] Styrikovich M A, Margulova T K H, Miropolskii Z L. Problems in the Development of Designs of Supercritical Boilers[J]. Thermal Engineering, 1967, 14(6):5-9.

[8] Yamagata K, Nishikawa K, Hasegawa S, et al. Forced Convective Heat Transfer to Supercritical Water Flowing in Tubes[J]. International Journal of Heat and Mass Transfer, 1972, 15(12):2575-2593.

[9] Kirillov P L, Grabezhnaya V A. Heat Transfer at Supercritical Pressures and the Onset of Deterioration[C]. Proceedings of ICONE14 International Conference on Nuclear Engineering, 2006.

[10] Zhou W X, Bao W, Qin J, et al. Deterioration in Heat Transfer of Endothermal Hydrocarbon Fuel[J]. Journal of Thermal Science, 2011, 20(2):173-180.

[11] Urbano A, Nasuti F. Onset of Heat Transfer Deterioration in Supercritical Methane Flow Channels[J]. Journal of Thermophysics and Heat Transfer, 2013, 27(2):298-308.

[12] Urbano A, Nasuti F. Conditions for the Occurrence of Heat Transfer Deterioration in Light Hydrocarbons Flows[J]. International Journal of Heat and Mass Transfer, 2013, 65(5):599-609.

[13] Dang G X, Zhong F Q, Zhang Y J, et al. Numerical Study of Heat Transfer Deterioration of Turbulent Supercritical Kerosene Flow in Heated Circular Tube[J]. International Journal of Heat and Mass Transfer, 2015, 85: 1003-1011.

[14] Jackson J D, Hall W B. Forced Convection Heat Transfer to Fluids at Supercritical Pressure[J]. Turbulent Forced Convection in Channels and Bundles, 1979, 2:563-611.

[15] Watts M J, Chou C T. Mixed Convection Heat Transfer to Supercritical Pressure Water[J]. Begel House Inc, 1982.

[16] Krasnoshchekov E A, Protopopov V S. About Heat Transfer in Flow of Carbon Dioxide and

Water at Supercritical Region of State Parameters (in Russian)[J]. Thermal Engineering, 1960, 10.

[17] Gnielinski V. New Equation for Heat and Mass Transfer in Turbulent Pipe and Channel Flow[J]. International Chemical Engineering, 1976, 16(2):359-368.

[18] Li W, Huang D, Xu G Q, et al. Heat Transfer to Aviation Kerosene Flowing Upward in Smooth Tubes at Supercritical Pressures [J]. International Journal of Heat and Mass Transfer, 2015, 85: 1084-1094.

[19] Zhang C B, Xu G Q, Gao L, et al. Experimental Investigation on Heat Transfer of a Specific Fuel (RP-3) Flows through Downward Tubes at Supercritical Pressure[J]. The Journal of Supercritical Fluids, 2012, 72:90-99.

[20] Deng H W, Zhu K, Xu G Q, et al. Heat Transfer Characteristics of RP-3 Kerosene at Supercritical Pressure in a Vertical Circular Tube[J]. Journal of Enhanced Heat Transfer, 2012, 19(5):409-421.

[21] Zhao G Z, Song W Y, Zhang R L. Effect of Pressure on Thermal Cracking of China RP-3 Aviation Kerosene under Supercritical Conditions[J]. International Journal of Heat & Mass Transfer, 2015, 84: 625-632.

[22] Xu K K, Meng H. Modeling and Simulation of Supercritical-Pressure Turbulent Heat Transfer of Aviation Kerosene with Detailed Pyrolytic Chemical Reactions[J]. Energy & Fuels, 2015, 29: 4137-4149.

[23] Xu K K, Meng H. Model Validation and Parametric Study of Fluid Flows and heat Transfer of Aviation Kerosene with Endothermic Pyrolysis at Supercritical Pressure. Propulsion and Power Research, 2015, 4(4): 202-211.

[24] Zhang S L, Cui N G, Xiong Y F, et al. Effect of Channel Aspect Ratio on Chemical Recuperation Process in Advanced Aeroengines[J]. Energy, 2017, 123: 9-19.

[25] Zhao Y, Wang Y, Liang C. et al. Heat Transfer Analysis of n-Decane with Variable Heat Flux Distributions in a Mini-Channel [J]. Applied Thermal Engineering, 2018, 144: 695-701.

[26] Xu K K, Sun X, Meng H. Conjugate Heat Transfer, Endothermic Fuel Pyrolysis and Surface Coking of Aviation Kerosene in ribbed Tube at Supercritical Pressure [J]. International Journal of Thermal Sciences, 2018, 132: 209-218.

[27] Sun X, Xu K K, Meng H. Supercritical-Pressure Heat Transfer, Pyrolytic Reactions, and Surface Coking of n-Decane in Helical Tubes[J]. Energy& Fuels, 2018, 32: 12298-12307.

[28] Jiang Y G, Xu Y X, Zhang S L, et al. Parametric Study on the Distribution of Flow Rate and Heat Sink Utilization in Cooling Channels of Advanced Aero-Engines[J]. Energy, 2017, 138: 1056-1068.

[29] Wang L L, Chen Z J, Meng H. Numerical Study of Conjugate Heat Transfer of Cryogenic

Methane in Rectangular Engine Cooling Channels at Supercritical Pressures[J]. Applied Thermal Engineering，2013，54(1)：237-246.

[30] 陈尊敬，王雷雷,孟华. 考虑发动机冷却通道固壁内耦合导热影响的低温甲烷超临界压力传热研究[J].航空学报,2013,34(1):8-18.

[31] Xu K K，Ruan B，Meng H A. Thermal Performance Factor for Evaluation of Active Engine Cooling with Asymmetric Heating [J]. Applied Thermal Engineering，2014，73 (1)：351-356.

[32] Jin B T，Jing K，Liu J，et al. Pyrolysis and Coking of Endothermic Hydrocarbon Fuel in Regenerative Cooling Channel under Different Pressures[J]. Journal of Analytical & Applied Pyrolysis，2017，125:117-126.

[33] Liu G Z，Wang X Q，Zhang X W. Pyrolytic Depositions of Hydrocarbon Aviation Fuels in Regenerative Cooling Channels[J]. Journal of Analytical & Applied Pyrolysis，2013，104(10)：384-395.

第6章 燃烧室与再生冷却通道多场耦合模拟

目前,超燃冲压发动机的吸气式高超声速飞行器已经成为研究热点之一,高超声速技术也将成为世界各主要航空航天大国的重点研究方向。由于高超声速飞行器在以马赫数 6～7 水平长时间飞行时,来流滞止温度很高,大量的气动热使飞行器表面温度超出现有材料的承受能力,发动机燃烧后气流温度更高,燃烧室内气流温度超过 2700K,发动机壁面峰值热流将超过 3.0MW/m²,因此必须对发动机进行主动冷却。现阶段发动机采用的燃料多为吸热型碳氢燃料,基于燃料的这种特点对发动机进行再生冷却被视为解决发动机热防护难题的重要技术途径之一。在发动机的再生冷却过程中,使用吸热型碳氢燃料的物理热沉,当燃料通过发动机冷却结构时能够起到冷却发动机的作用。同时,碳氢燃料在高温下产生裂解吸热反应,使其总热沉提高燃料的吸热能力。再生冷却(见图 6.1)首先应用于火箭发动机推力室,液体燃料或者氧化剂在燃烧室壁内的冷却通道中流动吸热,从而把燃烧室壁的温度降低至材料允许的温度,达到冷却燃烧室壁面的效果,在保证燃烧室效能的同时提高燃烧室壁面的使用寿命。

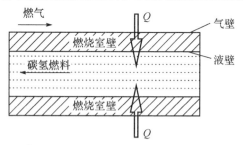

图 6.1 再生冷却结构

目前多数针对再生冷却系统的研究只是在单独的加热管道内进行。采取壁面热流的方式来模拟真实的冷却工作环境,显然与实际存在差别。要想获得更加准确的模拟结果,必须对冷却通道与燃烧室进行耦合模拟。

  本章在超燃冲压发动机冷却通道与燃烧室的传热耦合模拟算法研究的基础上,根据发动机再生冷却结构与燃烧室热环境特点,设计复杂边界条件处理方法,并制定出与燃烧数值模拟程序的耦合接口形式以及基本迭代方案。

  作者团队完成了再生冷却通道与燃烧室壁耦合传热计算功能的开发,建立了适用于稳态计算的冷却结构与燃烧室热边界条件数据交互接口,并将其和已有程序联接调试,使程序具备针对复杂热环境条件下进行再生冷却通道流动与燃烧室耦合传热数值计算功能。通过设计不同算例,验证该耦合迭代方案的可行性。

6.1 冷却通道与燃烧室耦合换热计算方法

  对导热与对流换热问题进行求解析解和数值计算时,通常有三类边界条件:①规定边界上的温度分布;②规定边界上的热流密度分布;③规定边界上温度和热流密度之间的依变关系。

  无论是对流还是导热,固体边界都可以使用这三种边界条件。对于对流换热问题,第三类边界条件规定的对流换热系数不是求解区域里的值,而是边界和边界接触的流体间的对流换热系数。

  对于某些流体与固体之间的对流换热问题,热边界条件无法预先给定,而是受到流体与壁面之间相互作用的制约。这时无论界面上的温度还是热流密度都应被看成计算结果的一部分,而不是已知条件。像这类热边界条件是由热量交换过程动态决定而不能预先规定的问题,被称为流固耦合传热问题。

  对于超燃冲压发动机,随着燃烧和冷却的进行,燃烧室内壁面和冷却通道内壁面的温度分布和热流分布都是动态变化的,无法预先给定热边界条件。它的温度和热流密度受燃烧室中的高温燃气与冷却通道中的流体的双重影响和制约,所以超燃冲压发动机冷却通道与燃烧室的换热过程是一个涉及燃烧、传热、流动、裂解等诸多方面的复杂流固耦合传热问题。

  超燃冲压发动机燃烧室与燃烧室外的冷却通道耦合传热模型如图 6.2 所示,整个模型包括燃烧室、冷却通道以及两者之间的固体壁面。

  它们之间的传热方式包括:①高温燃气与燃烧室内壁面之间的对流换热与辐射换热;②燃烧室内壁面(即冷却通道外壁面)与冷却通道内壁面(即燃烧室外

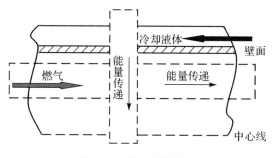

图 6.2　耦合传热模型

壁面)之间的固体导热;③冷却通道内壁面与冷却液之间的对流换热。其中,影响耦合换热的主要因素包括:①燃烧特性;②燃气的超声速流动特性;③冷却液的流动特性与换热特性;④冷却液的高温热物理特性;⑤冷却通道的几何结构与材料特性。

所以从数值计算的角度来看,开展全面耦合的燃烧、流动、换热计算是极其复杂的,且需要大规模的计算能力。为了配合工程需要,本章在做耦合换热计算时,只考虑燃烧室与冷却通道的传热达到稳态的情况。

本章主要从耦合传热过程进行理论分析,提出耦合传热的数值模拟方法,并介绍商用 CFD 软件 Fluent 数值模拟燃烧与换热使用的燃烧、传热、湍流等物理模型,以及自编求解器所用的碳氢燃料裂解模型,并为第 6.2 节的算例计算做理论基础。

6.1.1　不同求解方法概述

目前求解耦合传热问题主要有两种方法:①强耦合,即整场离散,整场求解;②弱耦合,即分区求解,边界耦合。

弱耦合是指将固体域与流体域分成两部分,分别建立控制方程,由边界条件的连续性(温度、热流密度等)将固液联系起来,反复迭代,直至结果收敛。

弱耦合方法求解步骤如下。

①分别对不同区域中的物理问题建立控制方程。

②列出边界条件:边界温度连续或热流密度连续。

③假定某耦合边界上的一个温度分布,对其中的一个区域进行求解,得出耦合边界上的局部热流密度或温度分布,然后利用耦合边界条件的连续性,求解另外一个区域,得到新的温度分布。再以此分布为新的边界条件进行输入,求解第一区域,这样反复迭代,直到结果收敛。

强耦合方法直接将 CFD 程序的求解区域扩展到固体域,采用流体控制方程中的能量方程描述固体域中的传热过程,因此不需要设定耦合方法。此方法将两个区域的控制方程写成一个统一的格式,采用统一的广义变量和广义扩散系数,在具体的不同区域赋予不同的参数。

尽管相对弱耦合方法而言,强耦合方法对流固交界面不需要考虑特殊的数据传递方式,无须迭代计算,具有形式简单的特点。但在计算模型较大时,分区算法可分别对流体域与固体域单独求解;固体域的传热计算中,往往需要特定的热力模型及热应力计算,这是整场算法所欠缺的,而分区算法则避免了这些不足。因此,国内外研究人员大多数倾向于选择求解方式灵活多变的弱耦合方法。

6.1.2 控制方程的建立及模型选择

本节主要介绍在算例计算过程中采用的控制方程以及所用到的燃烧、裂解化学模型,并且基于上述模型对超燃冲压发动机与再生冷却通道耦合换热的方式进行介绍。

为了方便计算,将上述模型简化为如图 6.3 所示的传热模型:耦合模型由燃烧室的扩张段与冷却通道以及两者之间的固体区域组成,燃料经过喷油孔喷出后被点燃,高温燃气经过扩张段进行膨胀,最终排出燃烧室出口。低温冷却燃油由燃烧室出口下面的冷却通道进入,这从能量利用角度来看最为合理。设燃烧室高度为 H,固体厚度为 l,冷却通道高度为 h,长度为 L。

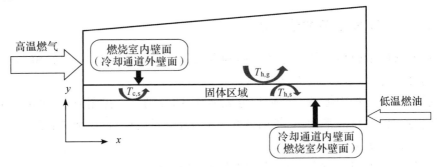

图 6.3　简化模型

将求解区域分为三个部分:燃烧区域、固体区域和冷却区域。由于温度和热流密度在耦合面上是连续的,则

$$T_{c,s} = T_{c,l} \qquad T_{h,g} = T_{h,s}$$
$$q_{c,s} = q_{c,l} \qquad q_{h,g} = q_{h,s}$$

其中，$T_{c,s}$ 和 $q_{c,s}$ 是冷却通道内壁面固体侧的温度和热流密度；$T_{c,1}$ 是冷却通道内壁面流体侧温度和热流密度，$T_{h,g}$ 和 $q_{h,g}$ 是燃烧室内壁面燃气侧的温度和热流密度；$T_{h,s}$ 和 $g_{h,s}$ 是燃烧室内壁面固体侧的温度和热流密度。

下面对燃烧区域、固体区域和冷却区域三个部分分别建立控制方程。

6.1.2.1　燃烧区域控制方程

燃烧区域的流场中发生着复杂的化学反应，控制方程包括连续性方程、动量方程、能量方程以及含有燃烧的化学组分方程。

连续性方程：

$$\frac{\partial(\rho u)}{\partial x}+\frac{\partial(\rho v)}{\partial y}=S_{\mathrm{m}} \tag{6.1}$$

由于燃料在燃烧室中喷注后与空气混合，相当于添加了新的质量源，另外，只要燃烧室内有化学反应进行，就会有产物生成，因此连续性方程中必须添加源项 S_{m}。

动量方程：

$$\frac{\partial(\rho uu)}{\partial x}+\frac{\partial(\rho uv)}{\partial y}=\frac{\partial P}{\partial x}+g_x-f_x+\frac{\partial}{\partial x}\left(\Gamma\frac{\partial u}{\partial x}\right)+\frac{\partial}{\partial y}\left(\Gamma\frac{\partial u}{\partial y}\right) \tag{6.2}$$

$$\frac{\partial(\rho uv)}{\partial x}+\frac{\partial(\rho vv)}{\partial y}=\frac{\partial P}{\partial y}+g_y-f_y+\frac{\partial}{\partial x}\left(\Gamma\frac{\partial v}{\partial x}\right)+\frac{\partial}{\partial y}\left(\Gamma\frac{\partial v}{\partial y}\right) \tag{6.3}$$

能量方程：

$$\frac{\partial(\rho uc_{\mathrm{p}}T)}{\partial x}+\frac{\partial(\rho vc_{\mathrm{p}}T)}{\partial y}=\frac{\partial}{\partial x}\left(\Gamma\frac{\partial v}{\partial x}\right)+\frac{\partial}{\partial y}\left(\Gamma\frac{\partial v}{\partial y}\right)+S_{\varphi} \tag{6.4}$$

其中，源项 S_{φ} 包括化学反应源项、辐射源项、摩擦阻力功项、气动耗散项。

化学组分方程：

$$\frac{\partial}{\partial x}(\rho uY_i)+\frac{\partial}{\partial y}(\rho vY_i)=\frac{\partial}{\partial x}\left(\rho_i D_{im}\frac{\partial Y_i}{\partial x}\right)+\frac{\partial}{\partial y}\left(\rho_i D_{im}\frac{\partial Y_i}{\partial y}\right)-\omega_i \tag{6.5}$$

其中，Y_i——组分 i 的质量分数；

　　D_{im}——组分 i 的质量扩散系数；

　　ω_i——组分 i 的反应速率。

假定燃烧室内壁面边界层厚度为 δ_{h}。边界条件如下。

壁面处：

$$h_{\mathrm{g}}(T-T_{\mathrm{h}})=\lambda_{\mathrm{g}}\frac{\partial T}{\partial y}\bigg|_{y=h+l+\delta_{\mathrm{h}}} \tag{6.6}$$

$$\frac{\partial T}{\partial y}\Big|_{y=h+l}=\frac{\partial T}{\partial y}\Big|_{y=h+l+H}=0,\frac{\partial u}{\partial x}\Big|_{y=h+l}=\frac{\partial u}{\partial x}\Big|_{y=h+l+H}\quad 0(燃烧室内壁面处)$$

$$(6.7)$$

入口处：

$$x=0,y=h+l\sim h+l+L$$

$$T=T_0,u=u_0,v=v_0=0$$

6.1.2.2 冷却区域控制方程

冷却区域的流场中同样发生着复杂的化学反应,控制方程包括连续性方程、动量方程、能量方程和含有裂解的化学组分方程。

连续性方程：

$$\frac{\partial(\rho u)}{\partial x}+\frac{\partial(\rho v)}{\partial y}=0 \tag{6.8}$$

动量方程：

$$\frac{\partial(\rho uu)}{\partial x}+\frac{\partial(\rho uv)}{\partial y}=\frac{\partial P}{\partial x}+g_x-f_x+\frac{\partial}{\partial x}(\Gamma\frac{\partial u}{\partial x})+\frac{\partial}{\partial y}(\Gamma\frac{\partial u}{\partial y}) \tag{6.9}$$

$$\frac{\partial(\rho uv)}{\partial x}+\frac{\partial(\rho vv)}{\partial y}=\frac{\partial P}{\partial y}+g_y-f_y+\frac{\partial}{\partial x}(\Gamma\frac{\partial v}{\partial x})+\frac{\partial}{\partial y}(\Gamma\frac{\partial v}{\partial y}) \tag{6.10}$$

能量方程：

$$\frac{\partial(\rho uc_pT)}{\partial x}+\frac{\partial(\rho vc_pT)}{\partial y}=\frac{\partial}{\partial x}(\Gamma\frac{\partial v}{\partial x})+\frac{\partial}{\partial y}(\Gamma\frac{\partial v}{\partial y})+S_\varphi \tag{6.11}$$

其中,源项 S_φ 包括化学反应源项(裂解)、摩擦阻力功项。

化学组分方程：

$$\frac{\partial}{\partial x}(\rho uY_i)+\frac{\partial}{\partial y}(\rho vY_i)=\frac{\partial}{\partial x}(\rho_iD_{im}\frac{\partial Y_i}{\partial x})+\frac{\partial}{\partial y}(\rho_iD_{im}\frac{\partial Y_i}{\partial y})-\omega_i \tag{6.12}$$

假定壁面边界层厚度为 δ_c,边界条件如下。

壁面处：

$$h_1(T-T_c)=\lambda_1\frac{\partial T}{\partial y}\Big|_{y=h-\delta_c} \tag{6.13}$$

$$\frac{\partial T}{\partial y}\Big|_{y=h}=0,\frac{\partial u}{\partial x}\Big|_{y=h}=0(冷却通道内壁面处) \tag{6.14}$$

入口处：

$$x=L,y=0\sim h$$

$$T=T_0,u=u_0,v=v_0=0$$

6.1.2.3　固体区域控制方程

固体区域没有流动,所以没有连续性方程和动量方程,仅有能量方程:

$$\frac{\partial}{\partial x}\left(\Gamma\frac{\partial v}{\partial x}\right)+\frac{\partial}{\partial y}\left(\Gamma\frac{\partial v}{\partial y}\right)+S_\varphi=0 \tag{6.15}$$

其中,S_φ 包括辐射源项和对流换热源项。

边界条件:

$$\lambda_g\frac{\partial T}{\partial y}\bigg|_{y=h+l+\delta_h}=\lambda_s\frac{\partial T}{\partial y}\bigg|_{y=h+l}\quad(\text{燃烧室内壁面处}) \tag{6.16}$$

$$\lambda_s\frac{\partial T}{\partial y}\bigg|_{y=h}=\lambda_l\frac{\partial T}{\partial y}\bigg|_{y=h-\delta_c}\quad(\text{冷却通道内壁面处}) \tag{6.17}$$

6.1.2.4　湍流模型

本章计算中选取的 RNG k-ε 模型,由 Yakhot 和 Orzag 两位学者在 1986 年提出,该模型命名含义为重整化群(renormalization group)。在 RNG k-ε 模型中,它应用大尺度运动涵盖与黏性项修正的方法来代替小尺度运动的影响,并去除原有小尺度运动影响来有意识地简化控制方程。RNG k-ε 模型中 RNG k-ε 方程如下:

$$\frac{\partial(\rho k)}{\partial t}+\frac{\partial(\rho\bar{u}_jk)}{\partial x_j}=\frac{\partial}{\partial x_j}\left[\alpha_k\left(\mu+\frac{\mu_t}{\sigma_k}\right)\frac{\partial k}{\partial x_j}\right]+P_k+G_b-\rho\varepsilon-Y_M \tag{6.18}$$

$$\begin{aligned}\frac{\partial(\rho\varepsilon)}{\partial t}+\frac{\partial(\rho\bar{u}_j\varepsilon)}{\partial x_j}=&\frac{\partial}{\partial x_j}\left[\alpha_\varepsilon\left(\mu+\frac{\mu_t}{\sigma_\varepsilon}\right)\frac{\partial\varepsilon}{\partial x_j}\right]+C_{\varepsilon1}\frac{\varepsilon}{k}(P_k+C_{\varepsilon3}G_b)\\&-C_{\varepsilon2}^*\rho\frac{\varepsilon^2}{k}\end{aligned} \tag{6.19}$$

其中,

$$\mu_t=C_\mu\rho\frac{k^2}{\varepsilon}$$

$$C_\mu=0.0845,\alpha_k=\alpha_\varepsilon=1.39$$

$$C_{\varepsilon2}^*=C_{\varepsilon2}+\frac{C_\mu\rho\eta^3(1-\eta/\eta_0)}{1+\beta\eta^3}$$

$$C_{\varepsilon1}=1.42,C_{\varepsilon2}=1.68$$

$$\eta_0=4.377,\beta=0.012$$

$$\eta=\frac{k}{\varepsilon}\bar{S}$$

$$\bar{S}=\sqrt{2\,\bar{S}_{ij}\bar{S}_{ij}}$$

$$\overline{S}_{ij} = \frac{1}{2}\left(\frac{\partial \overline{u}_i}{\partial x_j} + \frac{\partial \overline{u}_j}{\partial x_i}\right) \tag{6.20}$$

相比标准 k-ε 模型，RNG k-ε 模型主要做出以下修正。

①为使模型对瞬变流和流线弯曲影响有更好的体现，对湍流动力黏度进行修正，并对时均流动中的旋涡与旋转流动进行了考虑。

②在 ε 方程中增加一项反映主流的时均应变率 S_{ij}，使 RNG k-ε 模型生成项既与流动参数相关，又是空间坐标 x，y，z 的函数，大大提高了 ε 方程的精度。

RNG k-ε 模型处理较为复杂的流动时，比标准 k-ε 模型有更高的可信度和精度。但 RNG k-ε 模型仍然只能精确计算高雷诺数的湍流充分发展阶段，是高雷诺数湍流模型，对雷诺数较低处的流动与近壁区边界层附近流动需要使用壁面函数等手段进行单独处理。

在超临界流体湍流流动的换热数值模拟中，湍流模型的选择是非常关键的，但目前的研究中还没有能够完全合适模拟超临界流体流动及换热的湍流模型。许多研究者在数值计算中都采用现成的湍流模型来研究超临界流体的流动换热现象，且选用不同的湍流模型得出的预测结果各有不同。Menter 提出的剪切压力传输(SST)k-ω 湍流模型将标准 k-ε 湍流模型及 k-ω 湍流模型的优点有效地结合起来，修正了涡黏性的影响，在包含化学反应的流动换热的湍流计算上较为合适，所以选择剪切压力传输的 k-ε 湍流模型对超临界碳氢燃料的流动过程进行湍流传热的数值模拟。

湍动能输运方程的表达式为

$$\frac{\partial}{\partial x_i}(\rho k \boldsymbol{u}_i) = \frac{\partial}{\partial x_i}\left(\Gamma_k \frac{\partial k}{\partial x_j}\right) + G_k - Y_k + S_k \tag{6.21}$$

比耗散率输运方程的表达式为

$$\frac{\partial}{\partial x_i}(\rho \omega \boldsymbol{u}_i) = \frac{\partial}{\partial x_i}\left(\Gamma_\omega \frac{\partial \omega}{\partial x_j}\right) + G_\omega - Y_\omega + D_\omega + S_k \tag{6.22}$$

其中，Γ_ω 为有效扩散系数，G_ω 为相关的生成项，Y_ω 为耗散项，D_ω 为交叉扩散项，S_ω 为源项。

6.1.2.5 辐射模型

超燃冲压发动机燃烧室内燃气温度高达 3000K，燃烧室中的热辐射是不容忽略的，选择准确的辐射模型至关重要。

Fluent 中有五种辐射模型，按顺序分别为 Rosseland 辐射模型、P-1 辐射模型、离散辐射传递模型(DTRM)、表面辐射模型(S2S)、离散坐标辐射模型(DO)。

一般关于空气对流与辐射的问题,属于光学深度为 0 的问题。

Rosseland 辐射模型只能应用于压力求解器,不能用于密度求解器,而计算超燃燃烧室必须选用密度求解器,故舍弃。

相比于 DTRM 模型,P-1 辐射模型考虑了散射作用,并且耗费资源更少;对于许多燃烧模型,选择 P-1 模型更稳定。但是对于存在局部热源以及散热片的情况,P-1 辐射模型会夸大辐射传热量。本章中的燃烧室燃料是氢气,热值极高,会在燃烧区产生局部热源,并且计算燃烧室带有固体壁厚,故舍弃。

离散辐射传递模型(DTRM)相对简单,可以通过增加射线数量来提高计算精度,但是它忽略散射作用且使用大数目射线求解问题,非常耗费 CPU 资源,且不能并行计算,故舍弃。

表面辐射模型(S2S)适用于封闭空间里没有介质的辐射情况,但不能用于存在对称边界的情况,故舍弃。

离散坐标辐射模型(DO)基本上适用于所有辐射问题,而且只有离散坐标辐射模型(DO)和 P-1 辐射模型考虑了颗粒与气体间的辐射换热,占用计算资源适中,故综合比较,本章选择离散坐标辐射模型(DO)。

6.1.2.6　化学动力学模型

通用有限速率模型建立在求解组分输运方程的基础上,反应速率以源项的形式作用于组分输运方程中。反应速率的计算方法有层流有限速率模型、涡耗散模型、EDC 模型。层流有限速率模型通过 Arrhenius 公式计算反应速率,忽略了湍流脉动的影响,对层流火焰计算准确。由于 Arrhenius 化学动力学的高度非线性,其对于湍流火焰的计算不准确,但对于化学反应相对缓慢、湍流脉动较小的燃烧(例如超声速火焰)是适用的。在涡耗散模型中,整个反应速率由湍流混合控制,流动的时间尺度大于化学反应的时间尺度。使用涡耗散模型计算预混火焰时,有可能会出现燃烧反应发生在火焰稳定器上游的现象。为修正这点,Fluent 提供了有限速率/涡耗散模型,该模型取 Arrhenius 反应速率和涡耗散反应速率中较小的一个作为净反应速率。火焰点燃后,涡耗散速率通常小于Arrhenius 反应速率,反应是混合限制的。本章模拟对象的燃烧流动过程较为复杂,燃烧过程是化学反应与湍流相互作用的结果,故化学动力学模型将采用有限速率/涡耗散模型。

对于一个由 N_R 个化学反应组成的系统,组分 m 的生成率为

$$R_m = W_m \sum_{r=1}^{N_R} \hat{R}_{m,r} \tag{6.23}$$

式中 $\hat{R}_{m,r}$ 为第 r 个反应中组分 m 的摩尔生成 / 分解速率。

第 r 个反应的通用形式如下：

$$\sum_{m=1}^{N_r} V'_{m,r} M_m \underset{k_{b,r}}{\overset{k_{f,r}}{\Longleftrightarrow}} \sum_{m=1}^{N_r} V''_{m,r} M_m \tag{6.24}$$

其中，$V'_{m,r}$ 为反应 r 中反应物 m 的化学计量系数，$V''_{m,r}$ 为反应 r 中生成物 m 的化学计量系数，M_m 为组分 m 的符号，$k_{f,r}$ 为反应 r 的正向反应速率常数，$k_{b,r}$ 为反应 r 的逆向反应速率常数。

组分 m 在反应 r 中的摩尔生成 / 分解速率如下：

$$\hat{R}_{m,r} = \Gamma(V''_{m,r} - V'_{m,r})\left(k_{f,r} \prod_{j=1}^{N_r} (C_{j,r})^{\eta'_{j,r}} - k_{b,r} \prod_{j=1}^{N_r} (C_{j,r})^{\eta''_{j,r}} \right) \tag{6.25}$$

其中，N_r 为反应 r 中的化学物质数目，$C_{j,r}$ 为反应 r 中每种反应物或生成物 j 的摩尔浓度，$\eta'_{j,r}$ 分别为反应 r 中每种反应物或生成物 j 的正向、逆向反应速度指数。Γ 为第三体对反应速率的净影响，$\Gamma = \sum_{j}^{N_r} \gamma_{j,r} C_j$，$C_j$ 为反应 r 中物质 j 的第三体效率。

反应 r 的正向反应速率常数 $k_{f,r}$ 由 Arrhenius 公式给出：

$$k_{f,r} = A_r T^{\beta_r} e^{-E_r/(RT)} \tag{6.26}$$

其中，A_r 为指前因子，β_r 为温度指数，E_r 为反应活化能。

若反应可逆，则逆向反应速率常数 $k_{b,r}$ 由下式确定：

$$k_{b,r} = \frac{k_{f,r}}{K_r} \tag{6.27}$$

其中，K_r 为平衡常数，表达式为

$$K_r = \exp\left(\frac{\Delta S_r^0}{R} - \frac{\Delta H_r^0}{RT} \right) \left(\frac{p_{atm}}{RT} \right)^{\sum_{r=1}^{N_r}(V''_{m,r} - V'_{m,r})} \tag{6.28}$$

其中，p_{atm} 为标准大气压（101325Pa），指数函数中的项表示吉布斯（Gibbs）自由能的变化，各部分按如下公式所示：

$$\frac{\Delta S_r^0}{R} = \sum_{m=1}^{N_r} (V''_{m,r} - V'_{m,r}) \frac{S_i^0}{R} \tag{6.29}$$

$$\frac{\Delta H_r^0}{RT} = \sum_{m=1}^{N_r} (V''_{m,r} - V'_{m,r}) \frac{h_i^0}{RT} \tag{6.30}$$

其中，S_i^0 和 h_i^0 是标准状态下的熵和焓。

涡耗散模型中组分 m 的净生成速率取如下两个公式中的较小值[1]：

$$\hat{R}_{m,r} = v'_{m,r} W_m A \rho \frac{\varepsilon}{k} \min_R \left(\frac{Y_R}{v'_{R,r} W_R} \right) \tag{6.31}$$

$$\hat{R}_{m,r} = v'_{m,r} W_m A B \rho \frac{\varepsilon}{k} \frac{\sum_P Y_P}{\sum_j^{N_r} v''_{j,r} W_j} \tag{6.32}$$

其中，Y_P 为生成物 P 的质量分数，Y_R 为反应物 R 的质量分数，A、B 均为经验常数，取值分别为 4 和 0.5。在上式中，化学反应速率由大涡混合时间尺度 k/ε 控制[2]，当湍流出现时（$k/\varepsilon > 0$），燃烧即可进行，不需点火源来启动燃烧。

6.1.2.7　正癸烷的裂解反应模型

Ward 等[3-4]实验测得了正癸烷在不同压力下的各主要裂解产物的平均质量分数，并根据质量守恒原理，得到了正癸烷裂解的一步总包反应模型：

$$C_{10}H_{22} \rightarrow 0.151H_2 + 0.143CH_4 + 0.256C_2H_4 + 0.126C_2H_6$$
$$+ 0.230C_3H_6 + 0.180C_3H_8 + 0.196C_4H_8 + 0.102C_4H_{10}$$
$$+ 0.171C_5H_{10} + 0.124C_5H_{12} + 0.195C_6H_{12} + 0.089C_6H_{14}$$
$$+ 0.169C_7H_{14} + 0.072C_7H_{16} + 0.152C_8H_{16} + 0.012C_8H_{18}$$
$$+ 0.053C_9H_{18} + 0.003C_9H_{20}$$
$$\tag{6.33}$$

反应物的消耗速率采用下式计算：

$$\frac{dc_{fuel}}{dt} = -k_c c_{fuel} \tag{6.34}$$

其中，反应速率常数的计算公式采用 Arrhenius 定律的形式：

$$k_c = A_c e^{-E_a/(RT)} \tag{6.35}$$

其中，指前因子 $A_c = 1.6 \times 10^{15}/s$，活化能 $E_a = 263.7kJ/mol$，气体常数 $R = 8.314J/(mol \cdot K)$[3-4]。

需要说明的是，在正癸烷转化率低于 25% 时，该模型具有较高的精度，而在较高的正癸烷转化率下，由于未考虑二次裂解反应，该模型的精度会降低。然而，Feng 等[5]在研究中发现，当正癸烷的转化率达到 70% 时，由该模型得到的计算结果的相对误差仍在 15% 以内。这表明，对于重点在于流动和裂解的耦合关系而并非关注化学反应机理的研究，该模型的准确程度仍然可以被接受。因此，在本章的研究中，当正癸烷转化率高于 25% 时，同样采用该一步总包反应模型。

针对上述选用的正癸烷裂解模型，基于自编求解器，可以实现碳氢燃料的裂解以及换热的流固耦合计算，在得到相应的计算结果的同时，将计算结果和 ANSYS Fluent 的关于燃烧室计算结果进行跨平台迭代，最终达到稳态，获得冲压发动机以及配套的冷却通道的耦合计算结果。

6.1.3 耦合方法介绍

本节采用两种耦合计算方式：①采用商业 CFD 软件 Fluent 对冲压发动机进行燃烧计算以及对冷却通道进行裂解计算；②针对冲压发动机完成燃烧计算，而对于再生冷却通道则采用自编求解器进行碳氢燃料的裂解计算，两者均采用交换温度信息耦合计算。

由于燃烧室的燃烧与冷却通道的冷却不在同一个时间尺度，且计算过程中需要采用不同的求解器，所以燃烧室与冷却通道的耦合是一个弱耦合过程，需要分开求解。分别进行燃烧室内部（带壁厚）的燃烧计算和冷却通道（带壁厚）内对流换热计算，再通过壁面的热边界条件进行耦合。解耦过程如图 6.4 所示。

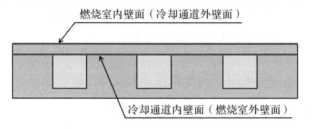

图 6.4　燃烧室与冷却通道解耦过程

在本节中，采用较为成熟的 ANSYS Fluent 软件进行超燃冲压发动机的燃烧仿真以及再生冷却通道换热计算的算法验证。

选定燃烧室内壁面（冷却通道外壁面）和冷却通道内壁面（燃烧室外壁面）作为耦合面，选择两个面的温度进行迭代计算，具体步骤如下：

①先给燃烧室外壁面赋一个恒温值 850K（任意合理温度皆可），计算燃烧得到燃烧室内壁面温度分布 T_{h1}；

②将 T_1 赋给冷却通道外壁面，进行冷却换热计算，得到冷却通道内壁面温度分布 T_{c1}；

③将 T_2 赋给燃烧室外壁面，再次进行燃烧计算，得到燃烧室内壁面温度分布 T_{h2}，依次循环，直到两个面的温度分布不再发生变化。

上述过程的特点在于在超燃冲压发动机和再生冷却通道换热的过程中均采用交换耦合面的温度信息，也就是两个计算模型之间采用"温度-温度"进行耦合迭代求解，同时监控各自求解域中的物理和化学参数的变化情况以保证算例稳定收敛,因此将此方法简称为 TFTB 方式,下面介绍的基于自编求解器的耦合计算方法也采用该方式进行耦合迭代求解。

6.2 算例计算

本节主要结合上一节中提到的两种耦合计算方案,进行一系列的算例验证及分析工作,其中第一种方案是对第二种方案的辅助验证。对燃烧室外壁面赋初始值,进行燃烧室和冷却通道的分区求解,在整个迭代过程中,各监控点参数随着迭代次数的增加趋于稳定。为了保证算法的可行性,对算法进行耦合初值的无关性验证,也进一步说明了利用 TFTB 方式可以对燃烧室和冷却通道进行分区求解并获得稳定的收敛解。

6.2.1 小型超燃冲压发动机燃烧计算

在研究燃烧室与冷却通道的耦合换热时,模拟燃烧室中超声速燃烧的热环境非常重要。由于燃烧室与冷却通道需要进行分区求解,将燃烧室与冷却通道进行分离,先进行燃烧室的燃烧计算,分析燃烧室的热环境。本章用 ANSYS Fluent 对不同燃烧模型的多种工况进行燃烧模拟与分析,为后续冷却通道的计算以及两者耦合计算奠定基础。

6.2.1.1 氢燃烧超燃冲压发动机燃烧室热环境模拟分析

本节开展超燃冲压发动机燃烧室的燃烧计算,剖析氢气燃烧室的物理模型并分析比较冷流与燃烧状态下流场的变化。计算不同油气比的工况,分析不同油气比的条件下燃烧室内流场的变化及其对燃烧室内部热环境的影响。

(1)几何模型及计算参数

此处采用中国空气动力研究与发展中心的氢气燃烧室模型[6]。如图 6.5 所示,此双模态燃烧室模型采用"等截面+扩张段"构型,燃烧室与等截面的隔离段通过后向台阶的方式相连,燃烧室又分为等截面段和扩张段。模型全长500mm,宽 40mm,其中隔离段长 200mm,高 18mm,燃烧室等直段长 80mm,高24mm,扩张段长 220mm,上壁面扩张角为 3°,下壁面为平直段,连接隔离段和等直段燃烧室的突扩台阶均为 3mm,气态氢燃料喷孔位于燃烧室内距离突扩台阶95mm 处,喷孔直径为 1.2mm,边缘喷孔距离侧壁 3mm。14 个喷孔均匀分布在上下壁面,发动机工作时,通过控制喷孔开闭数量与燃料喷射总压实现不同油气比，燃料以声速垂直喷入，喷射总温固定为 300K（对应静温约为 250K）。

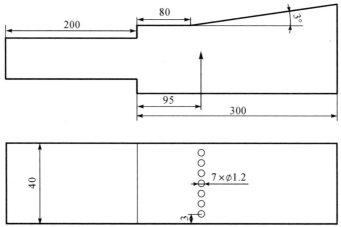

图 6.5　燃烧室几何模型（单位：mm）

计算模型的具体边界条件如表 6.1 所示。

表 6.1　计算模型的边界条件

参数名称	入口条件	出口条件
总压/Pa	2848450	—
静压/Pa	341000	—
总温/K	1860.13	300
氧气质量分数	25.58%	—
氮气质量分数	56.73%	—
水蒸气质量分数	17.68%	—

燃烧室入口采用压力入口条件，给定来流的总压、静压、总温以及各组分的质量分数。入口湍流模型参数则给出湍流黏性比和湍流强度。

燃烧室出口采用压力出口条件，依据特征线的相容性关系，出口的边界条件由出口处的流动状态决定。若出口流动速度为超声速，则不需要解析边界条件，采用一阶外推得到数值边界条件；若出口流动速度为亚声速，则指定出口处的反压，外推得到其他的状态参数。

具体的燃料喷注条件如表 6.2 所示。

表 6.2　燃料喷注条件

油气比	0.7	1.0
开孔位置	上下壁面	上下壁面
开孔数/个	14	14
喷孔入口条件	压力入口	压力入口
喷射总压/Pa	2300000	3500000
喷射静压/Pa	1220000	1850000
喷射总温/K	300	300
氢气质量分数	1	1

所有喷孔均取声速(马赫数为 1)喷注条件,给定燃料的总温、总压、静压以及各组分的质量分数。

(2)网格无关性验证

对于计算流体技术,其原理即通过离散方式将 N-S 方程转换为代数方程求解,因此从理论上来说,离散的网格节点与计算结果的误差成反比,但实际情况却受制于计算机的算力水平以及在逐次计算中产生的浮点误差累计。当网格划分的密集程度达到一定程度时,继续加密网格也不会再提高计算结果精度,因此只需要找到这个使计算精度最大化但网格数量却最少的临界值,就获得了网格无关解。在实际操作中,通过调整模型网格划分的疏密程度,对所获结果误差进行分析,当发现超过某一量级后计算指标变化幅度满足要求精度范围时,即可认为获得网格无关解,也就是说,此时该网格划分方式就是本次研究中经济性最好、又能够满足结果分析要求的最佳选择。

本章利用 ANSYS ICEM 进行网格划分工作。首先利用 UG 建立物理模型,将物理模型导入 ICEM,由于燃烧室带有圆形喷孔,需要在喷孔处采用 O 形网格以保证网格质量。同时根据物理模型需求,将整个网格域划分为固体区域与流体区域,固体域包裹在流体域外;而在轴向网格疏密程度上,固体区域较疏,流体区域较密且在近壁面处加密。在轴向方向,隔离段起到稳定流动的作用,故设置较疏,在燃烧段选择较密网格。

网格量由 10 万至 220 万共设置 5 组,下壁面中心线 $x=0.45\text{m}$ 外静压情况如图 6.6 所示。选取三维冷流计算工况,边界条件见表 6.1。提取燃烧室等直下壁面中心线处压力计算结果进行无量纲化,并与文献试验结果对比。随着网格量的逐渐增加,压力结果均趋于稳定,压力变化趋势与峰值大小在 10 万网格时与试验结果差别较大。当网格数超过 70 万以后,压力变化范围均小于 5%,网格无关解已经得到,且在 120 万以上无明显差异。综合考虑计算能力,保证计算精度,为了更好地得到下壁面的温度分布与冷却通道进行耦合换热,本章选用 180 万网格进行计算。后续计算中均采用此套网格。

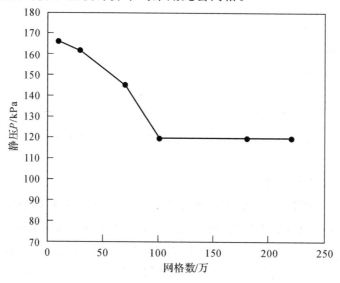

图 6.6　网格无关性验证

(3)流场计算

虽然超燃冲压发动机有诸多优势,是高超飞行器的最佳吸气式动力,但它在静止状态下是不能自行启动的,必须用助推器将其推进达到一定马赫数后才能正常有效地工作。故超燃冲压发动机的燃烧计算需要先进行在油气比为 0 时的冷流流场计算并在此基础上进行燃烧计算才与实际情况相符合。油气比为 0 时的冷流计算即没有燃料注入,只计算空气入口时的流场。整个流场中的静压、温度、速度、马赫数等如图 6.7 所示。

由图 6.7 可以看出:速度在突扩处降低并产生回流形成漩涡死区,导致温度升高;流线在激波处方向发生改变;在突扩后上下壁面产生的激波在主流区相交,出现透射激波,透射激波与壁面相互作用产生反射激波;燃烧室下游波系由于耗散作用逐渐模糊;超声速气流在激波后压力、温度升高,速度、马赫数降低,膨胀波后压力、温度降低,速度、马赫数升高;流场只在突扩台阶后缘和边界层内很小一部分区域为亚声速,其他大部分区域均为超声速。

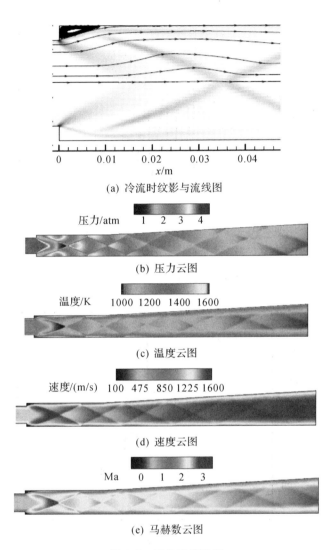

(a) 冷流时纹影与流线图

(b) 压力云图

(c) 温度云图

(d) 速度云图

(e) 马赫数云图

图 6.7 流场计算结果

在三维计算中提取下壁面中心线处压力值与实验结果进行对比,如图 6.8 所示。

(4)燃烧计算

①油气比为 0.7 时的结果分析

提取下壁面中心线处压力值与实验结果进行对比,如图 6.9 所示,压力曲线与试验吻合较好。经分析可知:突扩台阶处超声速气流膨胀导致压力骤降,然后

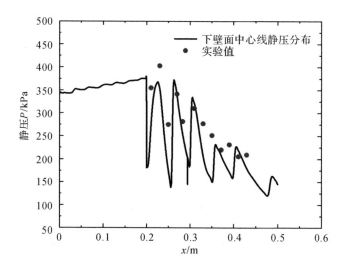

图 6.8 三维计算下壁面中心线压力和实验结果对比

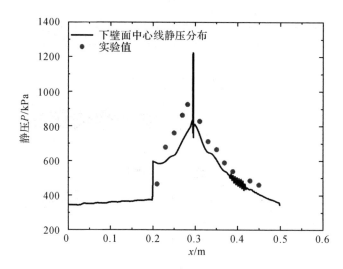

图 6.9 油气比为 0.7 时三维下壁面中心线压力与实验对比

燃烧与喷注作用产生的扰动传播至此处,导致压力迅速回升,在扩张段燃烧与膨胀共同作用于流场,导致压力降低。

由图 6.10(a)和(b)可以看出:总温升高与水生成的区域为燃烧反应区域;由于上壁面扩张作用导致在流线 1 处有大量氢气贴壁燃烧,流线 2 从氢气喷口出发并在主流区发生燃烧;在下壁面喷孔喷出的氢气只有少部分贴壁燃烧,燃烧主要发生在后半段。

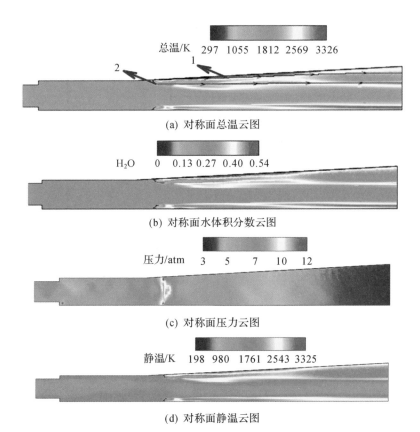

(a) 对称面总温云图

(b) 对称面水体积分数云图

(c) 对称面压力云图

(d) 对称面静温云图

图 6.10 油气比为 0.7 时的计算结果

由图 6.10(c) 和 (d) 可以看出：突扩台阶后已无规则激波串结构，燃烧与燃料喷注引起的扰动已经传播于此并继续向隔离段传播；中心主流区仍为超声速流动，燃烧放热与扩张段的膨胀共同作用导致出口大部分区域为超声速状态。

②油气比为 1.0 时的结果分析

提取下壁面中心线处压力值与实验结果进行对比，如图 6.11 和图 6.12 所示。可见与实验值对比发现吻合较好，燃烧与燃料喷注产生的扰动已经传至隔离段，导致隔离段压力升高明显。

由图 6.12 可以看出：扩张壁面氢气贴壁燃烧现象明显，在超声速来流情况下，氢气燃烧主要发生在后半段；由于此时工况下的燃料喷注总压高于油气比为 0.7 时的喷注总压，所以主流区燃烧现象比当量比为 0.7 时剧烈；突扩台阶后已无规则激波串结构，说明燃烧与燃料喷注引起的扰动已向上游传至隔离段。

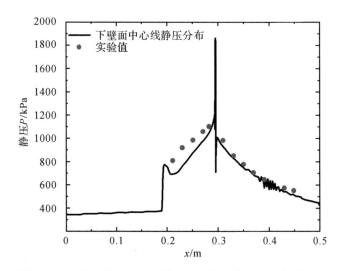

图 6.11　油气比为 1.0 时三维下壁面中心线压力与实验对比

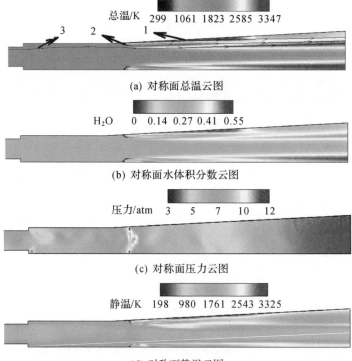

图 6.12　油气比为 0.7 时的计算结果

6.2.2　冷却通道与冲压发动机耦合换热计算

本节主要针对两种耦合计算方案,进行算例验证及分析,其中第一种方案是对第二种方案的辅助验证。对燃烧室外壁面赋初始值进行燃烧室和冷却通道的分区求解,在整个迭代过程中,各监控点参数随着迭代次数的增加趋于稳定。为了保证算法的可行性,对算法进行了耦合初值的无关性验证。

6.2.2.1　基于 TFTB 耦合方式的 Fluent 耦合计算方法

燃烧模型同样选用中国空气动力研究与发展中心的氢气燃烧室模型,为此燃烧模型下壁面设计冷却通道。由于目前的冷却液基本上都为航空煤油 RP-3,很少有用液氢进行冷却的,并且 Fluent 自带数据库 Fluent database 里的液态柴油(diesel-liquid)($C_{10}H_{22}$)无法模拟超临界态下正癸烷的物性。因此,为了满足工程需要,将燃烧室的燃料改为 RP-3 的单组分替代模型——正癸烷。自主编译正癸烷在 3MPa 压力下温度范围 $300\sim1000K$ 的物性文件,导入用户自定义数据库(User-Defined Database)。

(1)燃烧室与冷却通道几何模型及计算参数

由于燃烧的燃料由氢气改为正癸烷,鉴于两者密度比例差异巨大,而燃烧室外形尺寸不宜改动,因此,将直径 1.2 mm 的圆孔改为边长 0.85 mm 的方孔。燃烧室的带环形壁厚尺寸为 0.5 mm,具体的几何模型如图 6.13 所示。

因为模型对称,建模时沿轴线选取一半进行计算,燃烧室壁厚为 0.5mm。壁面固体材料选用 Fluent 自带的数据库 Fluent database 里面的钢(steel),冷却通道从燃烧室出口处沿燃烧室下壁面轴线长 200mm,共 9 个,通道截面为正方形($1.85mm\times1.85mm$),通道之间的间距为 0.4mm,燃烧室内壁面与冷却通道内壁面的间距为 0.5 mm,最外侧的通道距离侧壁面为 0.45mm。燃烧室的边界条件及碳氢燃料 RP-3 的喷注条件如表 6.3 和表 6.4 所示。

表 6.3　燃烧室的边界条件

参数名称	入口条件	出口条件
总压/Pa	2848909	—
静压/Pa	341000	—
总温/K	1863.19	300
氧气质量分数	25.58%	—
氮气质量分数	56.73%	—
水蒸气质量分数	17.68%	—

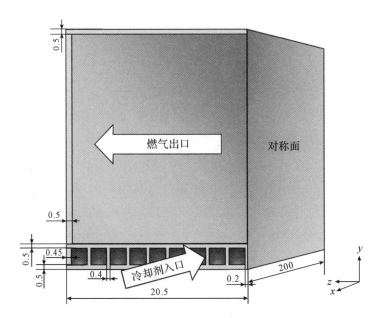

图 6.13　燃烧室及冷却通道几何模型尺寸示意(单位:mm)

表 6.4　RP-3 喷注条件

油气比	0.7
开孔位置	上下壁面
开孔数/个	14
喷孔入口条件	压力入口
喷射总压/Pa	1100000
喷射静压/Pa	500000
喷射总温/K	300
RP-3 质量分数	1

　　冷却通道的操作压力为 3MPa,冷却通道的入口边界条件设置为流量入口,流量为 0.125kg/s,总温为 373K,方向为燃烧室燃气出口的反方向。

　　燃烧室的计算中,燃烧室的外壁面热边界条件可以分为三部分:①燃烧室的外上壁面和外侧壁面(不包括与冷却通道外侧壁面重合的部分),壁面温度设定为 800K;②燃烧室外侧壁面与冷却通道的外侧壁面重合的部分,这部分壁面由于面积小,且处于两个耦合面的中间,设为绝热壁面;③燃烧室的外下壁面,同时是计算冷却通道时冷却通道的外壁面,根据第 2 章确定的求解耦合方法,要为这个壁面赋一个温度初场,它的边界条件在初始时确定,之后随着迭代计算的进行,不断发生变化,直到收敛。

冷却通道的计算中,冷却通道的外壁面热边界条件可以分为两部分:①冷却通道的外上壁面,也是参与耦合计算的燃烧室的外下壁面,每次冷却通道的计算,都改变这个壁面的温度分布,计算直到温度分布不发生变化;②冷却通道的外下壁面和侧壁面以及与冷却通道进口和出口垂直的壁面,这些壁面都设置为绝热壁面。

在迭代过程中,壁面温度分布的提取与赋值通过 Fluent 的写入分布(write profile)和读取分布(read profile)里面的静温(static temperature)功能来实现,它的原理是把面上的温度节点通过插值来赋值给物理尺寸相同的另外一个面的节点。

(2)耦合换热稳态与初始边界条件无关性验证

对燃烧室外壁面赋值恒温 600K,开始迭代计算,因为冷却的燃油流量很大,且通道距离比较短,暂时不考虑燃油的裂解。监测每组的燃烧室与冷却通道的壁面温度和个别监视点的温度,迭代 10 次以后,温度已无明显变化,燃烧室内壁面平均温度为 920K,冷却通道内壁面平均温度为 790K,冷却液出口平均温度约为 428K,平均速度为 8.75m/s。选取冷却通道靠近壁面的第 4 根,取流体主流中心线查看沿程各参数分布,如图 6.14 所示。

沿程的压力、密度和静温是线性单调变化的,在入口处一段距离内温度和密度都保持不变,这是因为主流中心线位于通道中心,变化不如贴近壁面的流体剧烈。随着流动的进行,主流和次流不断地掺混,同时,冷却通道外壁面的温度沿流体流动方向不断升高,流体的温度和密度单调变化。

沿程中心线的速度经历了先急剧增加后小幅度减小的过程,这是由于贴近通道壁面的流体温度增长迅速,同时密度减小剧烈,而速度小于平均入口速度,所以中心线的速度在一段距离内增加迅速,在 0.45mm 处达到第一次峰值。之后,贴近壁面的流体速度开始增加,导致主流的速度略有下降。

为了排除达到稳态时的温度分布与初始边界条件有关,再次计算一组,设置条件如下:将初始边界条件的温度改为恒温 850K,大于初场 600K,达到稳态时的燃烧室外壁面温度 790K。迭代 10 次以后,与第一组计算结果进行比较。

将每次迭代计算得到的温度绘制成温度随迭代次数变化曲线,如图 6.15 和图 6.16 所示。

由曲线可以看出初始边界条件为 600K 和 850K 的两组工况达到稳态时,燃烧室和冷却通道内壁面的平均温度基本一致,选取同一面第 n 次与 $n-1$ 次的热

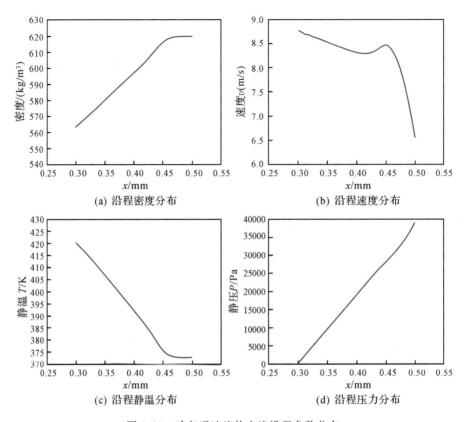

(a) 沿程密度分布   (b) 沿程速度分布

(c) 沿程静温分布   (d) 沿程压力分布

图 6.14 冷却通达流体主流沿程参数分布

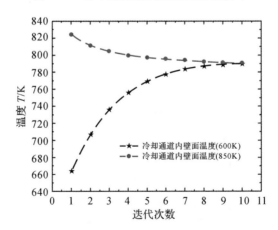

图 6.15 冷却通道内壁面温度随迭代次数的变化情况

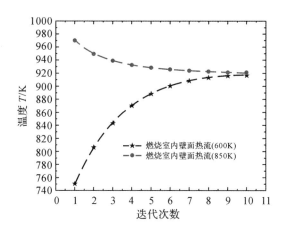

图 6.16　燃烧室内壁面温度随迭代次数的变化情况

参数 Γ，计算燃烧室内壁面温度变化率 ε：

$$\varepsilon = \frac{\Gamma_n - \Gamma_{n-1}}{\Gamma_{n-1}} \times 100\%$$

$$\varepsilon(600\text{K}) = 0.14\%$$

$$\varepsilon(850\text{K}) = 0.14\%$$

由于变化率远小于工程误差，可以认为计算已经收敛，两组工况达到稳态。选取两个工况下第 10 次迭代结果的燃烧室内壁面，比较两个面的温度云图，如图 6.17 和图 6.18 所示。

图 6.17　燃烧室内壁面温度云图(初场 600K)

由云图可以看出不同初始热边界下燃烧室内壁面达到稳态时的温度基本一致。壁面的热参数除了温度还有热流密度，只比较温度这种单一热参数并不能说明两组工况达到了相同的稳态。计算两组工况每次迭代达到稳态时的热流密度，绘制曲线如图 6.19 和图 6.20 所示。

图 6.18　燃烧室内壁面温度云图(初场 850K)

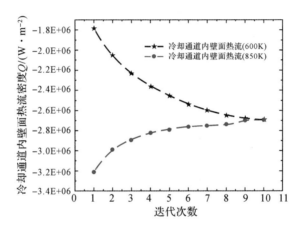

图 6.19　冷却通道内壁面热流密度随迭代次数的变化情况

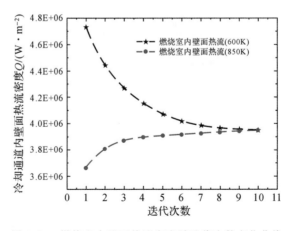

图 6.20　燃烧室内壁面热流密度随迭代次数变化曲线

由曲线可以看出,初始边界条件为 600K 和 850K 的两组工况达到稳态时,燃烧室和冷却通道内壁面的平均热流密度相同,选取同一面第 n 次与第 $n-1$ 次的热流密度值,计算燃烧室内壁面热流密度变化率 ε_q:

$$\varepsilon_q(600K)=0.07\%$$

$$\varepsilon_q(850K)=0.11\%$$

因此,燃烧室与冷却通道的耦合迭代计算达到最终耦合的稳态情况与初始边界条件无关,而是由燃烧的油气比与换热器结构、冷却液物性及流量共同决定的。

6.2.2.2　基于 TFTB 耦合方式的自编求解器耦合计算方法

对于冲压发动机的仿真计算依旧采用 ANSYS Fluent 进行,而对于其配套的再生冷却通道则采用自编求解器进行仿真计算。关于该求解器的特点以及相关功能在前文中已经做了详细阐述和说明,这里就不再赘述。

再生冷却通道的几何模型如图 6.21 所示。为了减少耦合迭代的时间,在设计之初就将燃烧室以及配套的再生冷却通道均设置为轴对称几何模型。冷却通道位于燃烧室扩张段,从距离燃烧室出口 100mm 的位置开始一直延伸,一共 8 个冷却通道。模型尺寸为 100mm×20mm×2mm,其中内部冷却通道尺寸为 1mm×1mm。为获得更好的换热效果,吸热型碳氢燃料的流动方向与燃烧室主流方向相反。

图 6.21　再生冷却通道几何模型

冷却工质采用正癸烷(n-$C_{10}H_{22}$)。金属壁面的材料物性参考不锈钢,密度为 7850kg/m³。固体壁面的导热系数被视为常数 $\lambda_s=16W/(m \cdot K)$。不锈钢壁面的杨氏模量为 $2×10^{11}Pa$,泊松比为 0.3。壁面的热膨胀系数为 $1.2×10^{-5}/K$。

上述几何参数及工况条件均基于实际的发动机再生冷却过程。这里需要指出,对于实际的再生冷却结构,冷却通道与发动机其他结构以及外环境会存在热量交换,然而从其他表面传出的热量远小于从加热表面传入的热量,因此可将其他表面视为绝热表面。

再生冷却通道的边界条件如表 6.5 所示。

表 6.5 再生冷却通道的边界条件

几何边界	边界类型	数值
入口	速度入口	0.5m/s(300K)
出口	压力出口	3MPa
轴对称面	轴对称边界	—
流固耦合面	耦合边界	—
冷却通道上壁面	非均匀温度边界	由燃烧室计算结果确定
其余壁面	绝热边界	—

(1)耦合收敛性分析

3MPa 工况下冷却通道监控点参数随耦合次数的变化如图 6.22 所示,各监控点参数均趋于稳定,本超临界碳氢燃料流动换热与冷却通道耦合方法可以稳定地在该工况下趋于收敛。

随着耦合次数的增加,流固耦合面上的温度逐渐趋于稳定,流体侧和固体侧通过耦合面传递热流,随着迭代次数的增加,流体侧热流与固体侧热流逐渐相等。因此可以看出在耦合面上实现了温度相同、热流相同的热耦合。

此外,x 轴方向的最大速度以及冷却通道出口的平均温度随着迭代次数的增加也趋于稳定。

由于该求解器考虑了正癸烷的裂解反应,因此在计算过程中对正癸烷的质量分布也进行了监控,计算结果如图 6.23 所示。可以看出,随着迭代次数的增加,出口处正癸烷的分布逐渐趋于稳定,并且由于在拟临界条件下发生了裂解反应,因此出口处的正癸烷质量分布也有所减少。

总体而言,在计算过程中,各监控点参数以及各监控面的平均热流和温度随着迭代次数的增加均趋于稳定,因此可以认为该求解器在该工况下取得了较为稳定的收敛解。

(2)计算结果分析

以初值 1200K 的冷却通道的第一轮计算结果为例,冷却通道内正癸烷质量分布如图 6.24 所示,由于进口温度较低,碳氢燃料在此位置基本不发生裂解,而随着壁面温度的增加,正癸烷逐渐发生裂解反应,在出口位置达到最大。

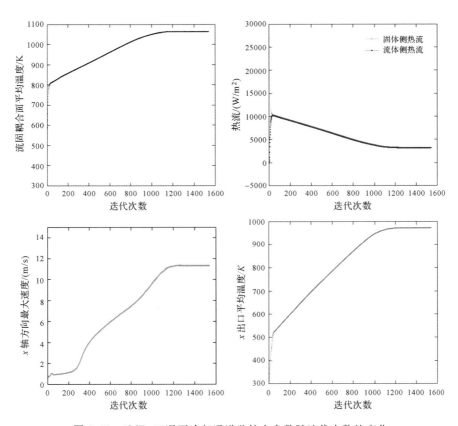

图 6.22　3MPa 工况下冷却通道监控点参数随迭代次数的变化

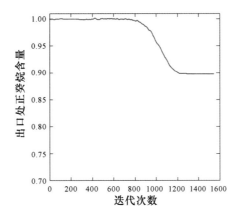

图 6.23　冷却通道出口正癸烷含量随迭代次数的变化

其中,造成 4 个冷却通道裂解分布不同的原因在于,冷却通道的固体域上壁面与燃烧室进行耦合计算,燃烧室在此处壁面不均匀的温度分布导致管道内部裂解效果不同。

冷却通道内正癸烷速度分布如图 6.25 所示。由于正癸烷裂解情况存在差异,虽然进口速度较小,但是沿程分布速度逐渐增加,局部速度达到 5m/s 以上。这主要是因为裂解产物大多为小分子物质,密度较低。

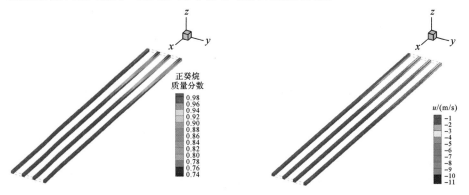

图 6.24 冷却通道正癸烷质量分布   图 6.25 冷却通道正癸烷速度分布云图

冷却通道内正癸烷密度分布如图 6.26 所示。由上述分析得知,正癸烷沿程裂解情况不同,裂解产物的分布随着沿程变化较为明显,因此管道内部的密度分布具有较大差异。此外,由于燃料温度逐渐增加,在拟临界温度发生裂解反应,导致流体密度减小,流体速度呈现出逐渐增大的趋势。同时,随着速度的增加,流动换热增强,进一步提升了再生冷却通道换热效果。

冷却通道内 x 轴截面的正癸烷质量分数分布和速度分布云图如图 6.27 所示。从图中可以更明显地看出正癸烷和流体速度在沿程以及整个方形管道内的差异性分布。

冷却通道内固体域下壁面温度分布如图 6.28 所示。吸热型碳氢燃料能够在一定程度上对燃烧室壁面进行冷却,在进口位置冷却效果最好。随着正癸烷发生裂解,流体内部的换热能力也进一步减弱。因此靠近出口区域的温度分布较高。

从图中也可以看出,在恒壁温单面加热的条件下,冷却通道的肋效应较为明显,离加热面越远,壁面温度越低。在此基础上,流体域温度也呈现出相关变化,靠近加热面的流体温度上升得快,距离加热面越远,沿流向温度梯度越缓和。

流体域中心截面管道沿程温度分布如图 6.29 所示。流体域中心温度沿主

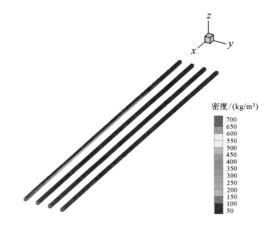

图 6.26　冷却通道内正癸烷密度分布

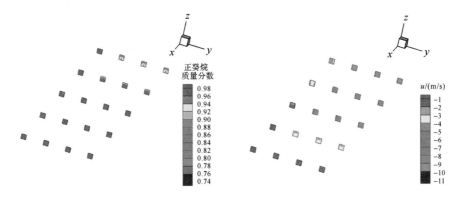

图 6.27　冷却通道内 x 轴截面的正癸烷质量分数分布和速度分布

流方向逐渐增加较为明显,出口壁面平均温度为 972.3K,正癸烷在整个流体通道内温升可达 670K。在此工况下,正癸烷裂解吸热效果较好。

　　流体域中心截面管道主要裂解产物沿程质量分布如图 6.30 所示。裂解产物主要以烷烃为主,其中丙烷和丁烷分布较多。而对于正癸烷来讲,其质量分数在出口段为 90.6%,裂解率约为 9.4%。

　　(3)耦合计算结果分析

　　采用冲压发动机和配套的再生冷却通道进行的分区耦合计算方式,利用"FOAMToFluent"以及"FluentToFOAM"转换接口进行两类求解器的结果转化,并将各自的计算结果赋值到相应的目标求解器上进行分区换热求解。重复上述步骤多次,进行多轮迭代,直至冲压发动机以及再生冷却通道的各监控点参

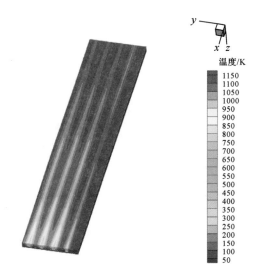

图 6.28　冷却通道内固体域下壁面温度分布

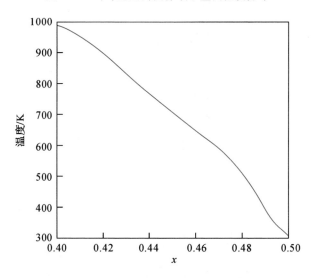

图 6.29　流体域中心截面管道沿程温度分布

数不再随迭代次数发生变化,最终得到稳态收敛结果。具体操作步骤在第 3 章中已经进行了详细说明,这里不再赘述。

以首轮计算中燃烧室外壁面赋初值 1200K 为例,对耦合计算结果说明如下。

燃烧室内壁面平均温度随迭代次数的变化情况如图 6.31 所示,共计进行了

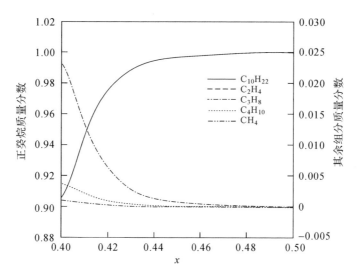

图 6.30　流体域中心截面管道沿程主要裂解产物沿程质量分布

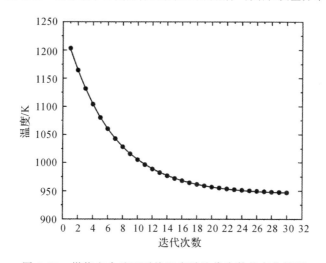

图 6.31　燃烧室内壁面平均温度随迭代次数的变化情况

30 轮迭代。从图中可以看出,随着迭代次数的增加,燃烧室内壁面平均温度趋于平稳,此外,各监控点参数也基本不发生变化,因此可以认为取得了稳定的收敛解。

再生冷却通道内壁面平均温度随迭代次数的变化情况如图 6.32 所示。随着迭代次数的增加,面平均温度呈下降趋势,但最终趋于稳定。

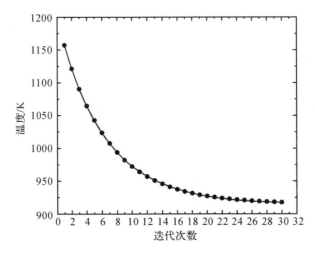

图 6.32　再生冷却通道内壁面平均温度随迭代次数的变化情况

　　燃烧室内壁面平均热流密度随迭代次数的变化情况如图 6.33 所示。随着迭代次数的增加,接触面平均热流密度也趋于稳定。耦合面的热流以及模型的各自温度随着迭代次数的增加都趋于稳定,因此可以认为该仿真计算方法取得了稳定的收敛解。

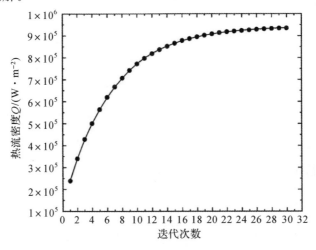

图 6.33　燃烧室内壁面平均热流密度随迭代次数的变化情况

（4）耦合计算方式的收敛性分析

　　由上述分析过程可知,虽然随着迭代次数的增加,各监控点参数趋于稳定,但考虑到在首轮计算过程中,燃烧室外壁面温度赋值的随机性有可能造成收敛的不稳定性,可能会对该计算方式的准确性产生影响。因此有必要对该计算方法开展耦合初值的无关性验证。

在本次算法验证上,选用燃烧室外壁面温度赋值 1200K 和 800K 两个较为典型的工况边界条件,并在迭代的过程中分别记录各自计算中的耦合面热流、燃烧室以及冷却通道内壁面的平均温度的变化情况,以此对该分区计算方式进行耦合初值的无关性验证。

如图 6.34 给出了在燃烧室外壁面温度赋值 1200K 和 800K 时,燃烧室耦合面平均热流密度随迭代次数的变化情况。从图中可以看出,虽然两次计算过程中初值温度赋值不同,但随着迭代次数的增加,最终同一耦合面的热流均取得了相同的热流密度值。

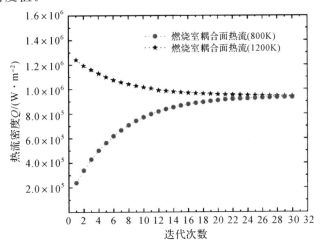

图 6.34　不同初值条件下燃烧室耦合面平均热流密度随迭代次数的变化情况

在燃烧室外壁面温度赋值 1200K 和 800K 时,燃烧室内壁面平均温度随迭代次数的变化情况如图 6.35 所示。对于初值为 800K 的计算结果,由于燃烧室在燃烧稳定之后壁面温度远高于 800K,因此在整个计算过程中,温度一直呈增加趋势,随着迭代次数的增加而趋于稳定。对于初值为 1200K 的计算结果,内壁温度一直呈下降趋势,且随着迭代次数增加而与 800K 的结果趋于一致。

在燃烧室外壁面温度赋值 1200K 和 800K 时,冷却通道内壁面平均温度随迭代次数的变化情况如图 6.36 所示。碳氢燃料的裂解反应使得冷却通道内壁面温度较燃烧室内壁面偏低,但两者在计算过程中均呈现出相同的变化趋势,也在收敛的过程中最终趋于稳定。

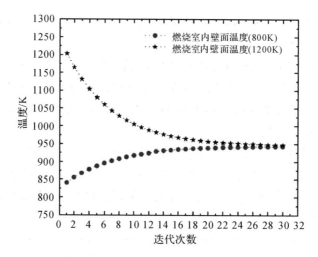

图 6.35　不同初值条件下燃烧室内壁面平均温度随迭代次数的变化情况

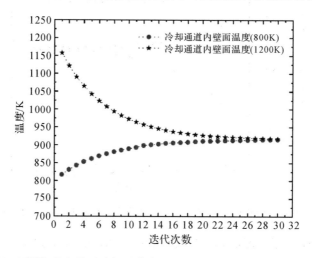

图 6.36　不同初值条件下冷却通道内壁面平均温度随迭代次数的变化情况

综上,由前述对燃烧室外壁面赋初始值进行燃烧室和冷却通道的分区求解,在整个迭代过程各监控点参数随着迭代次数的增加趋于稳定。为了保证算法的可行性,已对算法进行耦合初值的无关性验证,也进一步说明了利用 TFTB 方式可以对燃烧室和冷却通道进行分区求解并获得稳定的收敛解。

参考文献

［1］ Magnussen B F，Hjertager B H. On Mathematical Modeling of Turbulent Combustion with Special Emphasis on Soot Formation and Combustion［J］. Symposium on Combustion，1977，16(1)：719-729.

［2］ Spalding D B. Mixing and Chemical Reaction in Steady Confined Turbulent Flames［J］. Proceeding Combustion Inst，1990，13(1)：649-657.

［3］ Ward T A，Ervin J S，Striebich R C，et al. Simulation of Flowing Mildly-Cracked Normal Alkanes Incorporating Proportional Product Distribution［J］. Journal of Propulsion and Power，2004，20(3)：394-402.

［4］ Ward T A，Ervin J S，Zabarnick S. Pressure Effect on Flowing Mildly-Cracked n-Decane［J］. Journal of Propulsion and Power，2005，21(2)：344-355.

［5］ Feng Y，Zhang S L，Cao J，et al. Coupling Relationship Analysis Between Flow and Pyrolysis Reaction of Endothermic Hydrocarbon Fuel in View of Characteristic Time Correlation in Mini-Channel［J］. Applied Thermal Engineering，2016，102：661-671.

［6］ 郑忠华. 双模态冲压发动机燃烧室流场的大规模并行计算及试验验证［D］.长沙：国防科学技术大学，2003.

索　引

图书在版编目（CIP）数据

航空航天推进系统碳氢燃料的数值模拟技术 / 陶智
等著. —杭州:浙江大学出版社,2019.12
ISBN 978-7-308-19914-8

Ⅰ.①航… Ⅱ.①陶… Ⅲ.①航空航天器－推进系统
－发动机燃料－数值模拟 Ⅳ.①V43

中国版本图书馆 CIP 数据核字（2019）第 299526 号

航空航天推进系统碳氢燃料的数值模拟技术

陶　智　朱剑琴　胡希卓　程泽源　著

责任编辑	金佩雯
责任校对	汪淑芳
封面设计	续设计
出版发行	浙江大学出版社
	（杭州市天目山路 148 号　邮政编码 310007）
	（网址：http://www.zjupress.com）
排　版	浙江时代出版服务有限公司
印　刷	浙江印刷集团有限公司
开　本	710mm×1000mm　1/16
印　张	10.5
字　数	186 千
版印次	2019 年 12 月第 1 版　2019 年 12 月第 1 次印刷
书　号	ISBN 978-7-308-19914-8
定　价	78.00 元

版权所有　翻印必究　印装差错　负责调换

浙江大学出版社市场运营中心联系方式：(0571) 88925591;http://zjdxcbs.tmall.com